本书获长春师范大学学术专著出版基金资助
吉林省人文社科基地文学美育研究中心成果

宋代士民的『花生活』

吴洋洋 ◎ 著

中国社会科学出版社

图书在版编目（CIP）数据

宋代士民的"花生活" / 吴洋洋著 . —北京：中国社会科学出版社，2019. 2
（2021. 8 重印）

ISBN 978-7-5161-9324-2

Ⅰ. ①宋… Ⅱ. ①吴… Ⅲ. ①花卉-文化史-中国-宋代②社会生活-文化史-
中国-宋代 Ⅳ. ①S68-092②D691. 9

中国版本图书馆 CIP 数据核字（2016）第 280728 号

出 版 人	赵剑英	
责任编辑	任 明	陈肖静
责任校对	刘 娟	
责任印制	李寡寡	

出 版	中国社会科学出版社
社 址	北京鼓楼西大街甲 158 号
邮 编	100720
网 址	http：//www. csspw. cn
发 行 部	010-84083685
门 市 部	010-84029450
经 销	新华书店及其他书店

印刷装订	北京君升印刷有限公司
版 次	2019 年 2 月第 1 版
印 次	2021 年 8 月第 3 次印刷

开 本	710×1000 1/16
印 张	14
插 页	2
字 数	208 千字
定 价	68. 00 元

前　言

一　问题的提出

在中国审美文化史上，花卉向来都是极其重要的审美对象。它不仅活跃于中国传统的文学、艺术史中，形成了稳固的比兴传统和比德传统、花鸟画传统，而且在人们世俗人生、日常生活的审美活动中占据着重要地位。史前文明的遗迹，诸如各种器皿上的装饰性花卉图案，其再现的观念或意蕴虽未有定论，但这无疑表明花在中国文明的滥觞期，业已融入文化的肌理。而到了中国文化的原典时代，花就已成为人们审美情趣和创作灵感的触媒。《诗经》中"以花起兴"的例子比比皆是：如《周南·桃夭》中的"桃之夭夭，灼灼其华。之子于归，宜其室家"①，再如《秦风·蒹葭》中的"蒹葭苍苍，白露为霜，所谓伊人，在水一方"②。《楚辞·离骚》涉及的花卉有数十种之多，还开创了"芳草美人"的诗学传统。据统计，在《诗经》中"以各种花喻人事、抒情思的，粗略匡算也近三十来篇，约占全部诗篇的十分之一。至于自《离骚》以后的诗文词赋以花拟人、喻事、寄情性、摅感兴的，就真所谓更仆难数了"③。花不仅作为表现对象或象征手段停留在艺术层面，还作为美的元素广泛地出现在生活里，深入渗透人们的日常生活的衣食住行和社会实践的各个方面。

① 《诗经·楚辞鉴赏》编委会编：《诗经·楚辞鉴赏》，中国书店 2011 年版，第 14 页。
② 《诗经·楚辞鉴赏》编委会编：《诗经·楚辞鉴赏》，中国书店 2011 年版，第 217 页。
③ 何小颜：《花与中国文化》·序言，见何晓颜《花与中国文化》，人民出版社 1999 年版，第 3 页。

所谓"一花一世界",在中国古人的潜意识深处,花不仅作为单纯的自然物而存在,还被视为与人一样的生命体。草木的枯荣与人的生命之间建立起了神秘的联系,草木能够预示吉凶甚至生死。《搜神记》里记载了这样一个故事:

> 建安二十五年正月,魏武在洛阳起建始殿,伐濯龙树而血出。又掘徙梨,根伤而血出。魏武恶之,遂寝疾,是月崩。是岁为魏文黄初元年。①

这里"伐树血出、曹操由此患病当月逝世"透露出两个信息:第一,曹操的崩逝与伤害树木有关;第二,树木的红色汁液被称为血,这是对树木的人格化表述,只不过这里的树木还不具备人的行为活动能力,仅仅是一种变异。既然花草树木有神奇的能力可以影响到人,同理人的行为活动也能被植物感应。古人认为人可以与花感应沟通,唐明皇就曾用羯鼓催得花开。据《春渚纪闻》记载:春日清晨,唐明皇发现气候和暖已久,但林中的花尚未开放。于是环视左右说花是在等自己的号令,命人取来羯鼓,鼓曲未终而桃杏尽开。可见,当时人们认为花木不仅能够顺应自然还和人一样具有感知情感的能力。花草树木被寄予了拟人化想象,在全世界是一个普遍现象。人类学家弗雷泽根据大量的考古资料得出的结论:在原始人看来,整个世界都是有生命的,花草树木也不例外。它们跟人一样都有灵魂,从而也像对人一样地对待它们。原始人有很多仪式与禁忌,现代欧洲人生活中的一些行为与习俗都留存了树神崇拜的原始观念。在一些民间故事里,人的生命有时同草木的生命联系在一起,随着草木的枯谢,人的生命也因之凋零。

因此,由古人对花木的表现入手,反观其对宇宙、自然、生命和生活的理解、体验和感受,以及前述种种观念、意识和情感的表达方

---

① (晋)干宝撰:《搜神记》卷六,中州古籍出版社,第136页。

式，就自然而然进入学术讨论尤其是美学研究的视野之内。

事实上，现代尤其是近三十年以来，中国文学、艺术和美学等学科有关花卉的研究日益兴起，花与中国文学、艺术、美学和文化的关系等议题，已经成为相关学科的研究热点。从花卉的角度讨论民族文化构建、时代文化心理、文人的生活方式与精神世界、创作个体的情感心理等课题屡见不鲜。本书以花与宋代生活关系为切入点，对两宋生活审美领域的相关问题加以讨论和阐发，正是基于上述学术研究的动态而提出的。

作者的研究意图在于，通过在文人士大夫和平民阶层审美活动和生活实践中一枝独秀的赏花、咏花、养花、簪花、赠花等现象，以及宋代史籍、诗文、笔记和图谱等文献中关于花的著录、描述、分析、研究、阐释等理论表述，探讨宋人日常生活和社会实践领域所呈现的"审美化"转向，中国传统审美文化的日常化、生活化拓展，以及中国文学和艺术之题材、趣味和美学取向上的历史转型等话题。众所周知，在中国审美文化史上，"以汉民族为主题的重文尚雅的审美情调"，"是从宋代这里开始定型的"①。而"赏花"及其诱发的生活风尚，在这一美学演进历程中则扮演着举足轻重的历史角色。花卉审美为何在宋代得以渐染成俗？其中沉潜了哪些历史文化的积淀，又体现了何种时代的新变？"赏花"为中国古典审美、艺术和思想传统增益了哪些观念、知识和趣味？这些观念、知识和趣味在后世又引发了怎样的回应和共鸣？对上述问题进行历史的、合理的和科学的回答，构成了本书的写作初衷。

二　学界已有成果梳理

20 世纪 50 年代到 80 年代，专门研究"花"的文学、美学、文化著作和论文几乎是空白。从 80 年代开始，有零星研究咏花诗词的论

---

① 陈炎等著：《中国审美文化史·唐宋元明清卷》，山东画报出版社 2003 年版，第 174 页。

文。比较早的文章有徐浮生 1983 年发表于《徐州师范学院学报》的《略谈晚唐名僧之咏花诗》；1986 年马赫《浅议稼轩咏花词的成就》一文在《湘潭大学学报》（社会科学版）第 1 期发表；同年台湾俞玄穆发表的硕士学位论文《宋代咏花词研究》是较早关注宋代咏花文学的成果。这一时期研究咏花词的论文，以研究辛弃疾、李清照诗词最为突出。1994 年《南宋四大家咏花诗研究》一书由台北文津出版社出版，著者敏锐地注意到从诗歌发展史的角度宋代处于集大成与开新局的枢纽地位，就花艺发展史而言最高鉴赏境界"花德"在宋代完备，由此，宋代咏花诗必有可观之处。该书以南宋四大家的咏花诗为中心，关注宋代咏花诗的文化背景、象征类型、思想内容和艺术表现。

20 世纪 80—90 年代，还出现了大量的资料汇编类成果，有高兴选注的《古人咏百花》（1985），曾炽海选编的《大地的微笑：中国花诗品鉴》（1990），孙映逵主编的《中国历代咏花诗词鉴赏辞典》（1989），张秉戍、张国臣主编的《花鸟诗歌鉴赏辞典》（1990），李文禄、刘维治主编的《古代咏花诗词鉴赏辞典》（1990）。特别是《古代咏花诗词鉴赏辞典》（1990）分成上下两册，选取花卉约八十种，诗歌资料丰富、翔实、准确，还有专门的篇幅介绍每种花的生物特性与花卉文化。这些咏花诗词选为接下来的花卉文学、文化研究奠定了基础。

90 年代花卉文化研究类著作开始增多。1992 年周武忠《中国花卉文化》一书问世，这是一本较早关注花卉文化的专著。1993 年舒迎澜《古代花卉》由农业出版社出版。该书虽不以花卉审美、花卉文化为旨归，但是以花卉为中心辐射了园林、盆景、插花等多种艺术形式，对古代主要花卉著作也有较为全面的介绍，视野开阔内涵丰富。1999 年何小颜的《花与中国文化》由人民出版社出版。该书以花为中心，投射系统的花文化景观，对花与人生、花与民族传统文化、花卉审美做出了提要钩玄的表述，还对花文化品格进行了解读与剖析。

进入 21 世纪，有关花的文化研究、审美研究、文学研究比较丰富。花文化研究出现了多样化的趋势，并且在不同领域内都有较为深入的研究成果。宋代男子簪花问题，引起了很多学者的关注，取得了丰富的研究成果。郑继猛《论宋代朝廷戴花、簪花礼仪对世风的影响》，冯尕才、荣欣《宋代男子簪花习俗及其社会内涵探析》，汪圣铎《宋代种花、赏花、簪花与鲜花生意》，况汉英、周永香《论宋诗中的簪花戴花意象》等文章或从民俗学、历史学的角度分析宋代男子簪花这一现象形成的原因和社会意义，或从文学的角度对诗词中出现的男子簪花意象的内涵进行分析。

在咏花诗词研究方面，硕果累累。新时期的花卉文学研究呈现出综合、系统的特点。一是关注的诗人范围扩大，欧阳修、王安石、苏轼、黄庭坚、杨万里、陆游、朱淑真、蒋捷等一大批诗人的咏花诗词受到重视。二是在研究对象上由关注单独作家作品，到关注一个流派、作家群体的咏花文学创作，由注重咏花诗词的文学特征到系统阐释古代文学中花意象的审美意义、文化内涵。2003 年台北"学生书局"出版的赖庆芳《南宋咏梅词研究》一书，这是花与宋代文学的又一次碰撞。

对花卉研究还拓展到美学、审美文化领域。张启翔在《中国园林》2001 年第 1 期发表的《人类关于花卉审美意识的形成与发展》一文影响很大。南京师范大学程杰教授是此领域的专家，在花卉审美尤其是中国梅文化方面有很高造诣。他的花卉研究打破文体界限，重视历时性逻辑线索，力求全面、立体、有机地展示植物意象的人文意义及其社会功能机制。2010 年前后，兴起了花卉审美文化研究的热潮。巴蜀书社出版了"中国花卉审美文化研究书系"，还有学术刊物对植物审美、花卉审美文化给予深切关注。《阅江学刊》2010 年第 1 期、2011 年第 1 期、2011 年第 4 期、2012 年第 1 期、2013 年第 1 期、2014 年第 1 期、2015 年第 1 期都组织了"审美文化研究（植物审美专辑）"的专栏。

此外还有大量的花谱研究问世，主要集中在文献学领域。或是对某一品种的花卉谱录进行研究，或是对某一历史时期的花卉谱录做出综述。其中宋代花卉文献的价值、意义、独特地位已经被注意到。在花谱研究领域，陈平平比较有代表性，除了用文献学的研究方法外，他特别将花谱研究置于文人生活史、文学史的视野下，形成了系列化论文。

近年来，出现了相当数量的花卉文化研究课题，部分高校还把花文化、花文学作为博士、硕士研究生毕业论文的选题。南京师范大学出现了一批关注花卉文学的硕、博论文。

另外宋代社会有关"花"的消费情况已进入专门史的研究视野。将花纳入经济研究领域，说明花在宋人的生活中的确占据了重要位置，也为理解、考察宋代花文化提供了背景材料的支持。魏华仙的《宋代四类物品的生产和消费研究》，把鲜花与肉类、水果、纸并列，详细考察了宋代花卉的种植与消费状况。《宋代消费史》详细地列出了各地包括鲜花在内的赋贡情况。

目前学界已经有了大量的资料性成果。对于花卉的研究也涉及文学、审美、文化等领域，在综合的文学研究的基础上进一步延伸至艺术、宗教、民俗、思想学术乃至园艺、经济、政治等方面。因此这个时候从生活美学的角度去研究花卉，可谓水到渠成。

三　本书的研究思路、意义与价值

（一）基本问题域

宋代是中国文化史上的关键历史时段。早在元明时期，敏锐的诗论家就已察觉到其在历史发展中的潜在意义。元代文人袁桷曾从中国诗歌史的演进角度概括说："诗至于中唐，变之始也。"① ——客观而言，袁桷所关注的重点，自然是"中唐"在中国诗歌史上所扮演的"百代之中"的关键角色，但中唐酝酿的变化趋势却是在宋诗中得到了发扬。正如明人李东阳在《怀麓堂诗话》中所概括的"唐人不言

---

① （元）袁桷：《书汤西楼诗后》，载杨亮校注《袁桷集校注》（五册），中华书局2012年版，第2205页。

诗法，诗法多出宋"①。具体而言，是指宋诗所体现的对诗韵、诗法与诗格的定型与确认。关于这一点，缪钺在《论宋诗》中的论述尤为明确：

> 　　就内容论，宋诗较唐诗更为广阔，就技巧论，宋诗较唐诗更为精细……唐诗技术，已甚精美，宋人则欲百尺竿头，更进一步。盖唐人尚天人相半，在有意无意之间，宋人则纯出于有意，欲以人巧夺天工矣。兹分用事、对偶、句法、用韵、声调诸端论之。②

　　就散文的演变而言，五代乱世使得中唐古文运动的传统中断，宋代文人不但在儒学复兴的背景下继承了韩、柳等人所倡导的"文以载道"的传统，而且在散文体裁样式上开拓创新——就此而言，中唐乃所谓"百代之中"这一历史转型的发轫期，而宋才是这一转型的完成期、定型期。也正因此，历来的学者都将宋代视为中国文化的典范时期。如明清之际的黄宗羲曾谓："夫古今之变，至秦而一尽，至元而又一尽，经此二尽之后，古圣王之所恻隐爱人而经营者荡然无具。"③在他的观察和思考中，宋代是继先秦以后的又一文明高峰，宋的制度是本着有益于天下的目的而制定的。元灭宋，正如秦焚书对文明的破坏一样，扫荡了"古圣王之所恻隐爱人而经营者"，也就使得中国的文化精神荡然无存——从今天的视野来看，其观点与主张自然有待进一步商榷，但他所强调的宋代作为中国传统文明之历史高峰的观点，却被后来的研究者们不断发扬、阐明。如王夫之、陈寅恪、柳诒徵、王国维、钱穆、吕思勉等人都对宋代的文化特质给予了高度关注，陈寅恪曾说：

---

　　① （明）李东阳：《怀麓堂诗话校释》，李庆立校释，人民文学出版社 2009 年版，第27 页。
　　② 缪钺：《缪钺全集》（第 2 卷），河北教育出版社 2004 年版，第 156—157 页。
　　③ （明）黄宗羲：《明夷待访录》，段志强译注，中华书局 2011 年版，第 24—25 页。

华夏民族之文化，历数千年之演进，造极于赵宋之世。①

日本学者内藤湖南较早提出"唐宋变革说"，尽管学界对宋代"近世"之说颇多保留，但不可否认的是宋代的确是中国历史文化调整、变革和暂时定型的关键历史时期。这一历史的调整、变革和定型，体现在文学、艺术和美学方面，无论是贵族、士人还是平民，日常生活都极富审美色彩，这是宋代较之魏晋和唐朝历史性的进步。对此，钱穆在《国史新论》中曾说："宋以后的文学艺术，都已经平民化了，每一个平民家庭的厅堂墙壁上，总会挂有几幅字画，上面写着几句诗，或画上几根竹子，几只小鸟之类，幽雅淡泊。当你去沉默欣赏的时候，你心中自然会感觉到轻松愉快。这时候，一切富贵功名，都像化为乌有，也就没有所谓人生苦痛和不得意。甚至家庭日常使用的一只茶杯或一把茶壶，一边总有几笔画，另一边总有几句诗。甚至你晚上卧床的枕头上，也往往会绣有诗画。令人日常接触到的，尽是艺术，尽是文学，而尽已平民化了。单纯、淡泊、和平、安静，让你沉默体味，教你怡然自得。再说到房屋建筑，只要经济上稍微过得去的家庭，他们在院子里，往往留有一块空地，栽几根竹子，凿一个小池，池里栽几株荷花，或者养几条金鱼。而这种设置，看来极平常，但使你身处其间，可以自遣自适。这里要特别提醒大家的，如我上面所说，日常家庭生活之文学艺术化，在宋以后，已不是贵族生活才如此，而是一般的平民生活，大体都能向此上进。"② 诚然，钱穆这段话的原意是阐释中国宗教观念为何淡薄的，生活的艺术给人以精神上的滋养与慰藉，与宗教相比，中国人更看重现世性的生活智慧。与此同时我们还能从中发现更丰富细微的信息，宋代以后不但文学艺术平民化了，艺术品在平民阶层的生活中出现，更为内在的是平民生活的衣食住行也充满了诗意和设计感，实现了"日常家庭生活之文学艺术

① 陈寅恪：《邓广铭宋史职官志考证序》，载《陈寅恪集：金明馆丛稿二编》，生活·读书·新知三联书店 2011 年版，第 277 页。

② 钱穆：《国史新论》，东大图书公司 2008 年版，第 321 页。

化"。此种平民化、生活化的审美和艺术趋向，正是由宋人在此前的文明史传统积淀基础之上所开启和奠定的。宋代能够成为历史节点的直接原因在于宋代社会及社会阶层的变化带动了相关审美需求。宋代以文教兴国，重文抑武，统治阶层大多爱好文艺；科举成为选拔人才的主要方式，庞大的官僚队伍由有文化修养的文人构成，掌握了政治话语权的文人必然把他们的审美理念、生活方式推广到全社会，进而获得文化上的认同感；城市的发展使市民阶层急剧壮大，城市审美文化勃兴，赏心乐事活色生香丰富多彩。在生活领域，人们作为审美主体的意识提高，生活观念发生重大变化，在生活方式上有浓重的艺术化、审美化意味。我们甚至可以将其概括为中国古典生活史上的首次"生活艺术化"潮流的兴起。

（二）本书的思路与方法

基于此种历史动向，笔者除了坚持传统的文学、艺术研究方法以外，还格外关注"日常生活"视野的引入。一方面，就历史事实而言，本书将还原一个情境，那就是宋代无论文人阶层还是平民阶层的赏花活动，主要是在日常生活层面展开的，或者说，以赏花为形式载体的审美体验、感兴与表现，是日常生活化的；另一方面，在认清此种历史事实的前提下，从日常生活的视野和方法来阐释宋人的赏花风尚，也就具有了某种恩格斯所说的"方法是对象的'类似物'"的方法论意义。

我们每个人都身处"日常生活"之中，但对"日常生活"的理解却众说纷纭。西方一直对日常生活持批判态度。传统哲学里，出于"美"的超越性，日常生活没有得到应有重视。在法兰克福学派马尔库塞等人那里，日常生活又由于"异化"遭到批判。在胡塞尔、海德格尔那里，日常生活世界得到关注，但被视为先验的存在。在中国影响较大的是阿格妮丝·赫勒的"日常生活"理论。阿格妮丝·赫勒把人类社会结构划分为三个最为基本的层面："1. 日常生活层。它是以衣食住行、饮食男女、婚丧嫁娶、言谈交往为主要内容的个体生活领域。2. 制度化生活层。这是个人所参与的政治、经济、技术操作、公共事务、经济管理、生产制造等社会生活领域。它受社会体制、法律、政治的约束、规范。3. 精神生活层,即由科学、艺术、哲学等构成的人类精神和知识生活领域。日常生活层、制度化生活层、精神生活层共处于个体的生存空间。"① 她对日常生活的架构填补了生活与艺术的鸿沟,艺术和审美都作为日常生活的精神层面存在于人类的生活空间。

中国传统中没有西方割裂生活与审美、批判日常生活的姿态。中国人不是站在河对岸观照日常生活的,而是身处生活中超越生活,审美就是重要的方式。宋代是一个重视日常生活的朝代,表现之一就是私人历史、笔记、日记的流行。著名汉学家谢和耐敏锐的发现了这一点:"正是在宋代,可以从中抽取有关日常生活的文本开始增多了,如生活琐记、轶事汇编、笔记小说、地方志等,都向我们提供了大量翔实准确和栩栩如生的细节。"② 当代宋代生活史研究也是比较丰富的,《辽宋西夏金社会生活史》是一部出现较早的力作。该书涉及了生活史的方方面面,考察了饮食、服饰、居室、交通、婚姻、宗教信仰、民间组织、文体娱乐、医疗保健;汪圣铎的《宋代社会生活研究》一书的重点是宋代精神文化生活考察,对教育、文化、娱乐、民俗等方面着重介绍、阐释、分析。这两本著作都把簪花看作宋代社会生活的重要现象。李春棠的《坊墙倒塌以后》比较富有生活气息,描绘了宋代市坊结合后一幅幅生动的生活场景,在历史研究基础上,让人感到历史生活本身的美,该书将宋代花卉广泛进入人们生活归结为享受性消费的兴起。伊永文著的《行走在宋代的城市》有异曲同工之妙,作者的关注视野从皇宫帝苑到市井闾巷,逼真地再现了宋代城市普通人的生活样态,向我们展现了古老的宋代那毫不逊色的城市风情。目前对宋代日常生活的研究大部分是历史著作,并非从美学的角

---

① 张政文、杜桂萍:《艺术:日常与非日常的对话——A. 赫勒的日常生活艺术哲学》,《文艺研究》1997 年第 6 期。

② [法]谢和耐:《蒙元人入侵前夜的中国日常生活》,北京大学出版社 2008 年版,第 7 页。

度进行挖掘。

本书选择以花为载体阐释宋人的生活风尚主要是因为宋人的生活带有浓厚的美学意蕴，在这一生活氛围中，花贯穿了宋人的生活和审美活动。

一宋代花文化是中国封建社会的高峰，花文化有鲜明的特色，比德理论形成。北宋中期之后，人们除了喜爱牡丹，对梅花的推崇逐渐凸显，这实际上反映了审美趣味的转向。宋代也是中国封建社会唯一男子簪花成风的时代。士大夫簪花不仅是对美的追逐，更是向往独立人格、独立精神世界的标志。

二爱花、赏花的社会风气能够反映出宋人的精神品位、生活趣味。宋代社会爱花成风，花不仅是贵族阶层和文人阶层的生活必需品，还成为百姓生活中不可缺少的一部分。在生活领域中，花发挥了独特作用，与衣食住行密切相关，充分显示了宋人的生活风尚。

三宋代花的谱录研究非常丰富，不仅显示当时人们对花的科学认知的水平，更是集中表达了花卉审美观念。宋代花鸟画与咏花诗词十分流行，花是宋代艺术中最普遍的艺术对象。

宋代美学研究一直都是中国古代美学研究的热点。无论是美学理论还是审美实践，都有大量的著作、论文问世。在宋代美学研究中甚至整个中国古代美学研究中似乎都存在这样一个问题，古代美学如何实现现代性的转化？21世纪，美学不仅仅是形而上的思考，还要面对我们的生活。我们一方面对西方各种理论眼花缭乱；另一方面又在思考古人的智慧能否在今天提供经验。20世纪90年代以来，"日常生活审美化"的文化景观方兴未艾，因之在21世纪以来，"生活美学"作为中国美学新范式，逐步兴起并受到越来越多的关注。本文所采取的研究方法，就主要来自"生活美学"研究的启发："美学不是'美'，而是一种对美的言说样式。美学的变迁不仅是因为人们对美的认识的变化，还在于由这种认识的变化带来的关注点转移……生活美学不是要颠覆掉经典美学的所有努力，而是要使美学返回到原来的广阔视野；我们讨论生活美学，不是要把被现代文化史命名为艺术的那些东西清除美学的地盘，而是要打破自律艺术对美学的独自占有和一统天下，把艺术与生活的情感经验同时纳入美学的世界；我们再度确认生活美学，不是为了建构某种美学的理论，而是在亲近和尊重生活，承认生活原有的审美品质。"① 正如意大利美学家克罗齐所言：

> 世界全是直觉品，其中可以证明为实际存在的，就是历史的直觉品；只是作为可能的，或想象的东西出现的，就是狭义的艺术的直觉品。②

尽管克罗齐在此处对"历史"与"狭义的艺术"进行了严格的定义和界说，但他揭示了历史和艺术乃至整个世界作为"直觉品"而存在的真相。而"直觉"，即赋予感受、印象"形式"的心灵活动，亦即"表现"，这正是美学研究的对象。从这种意义上说，审美构成了世界和人类生活的一种普遍性、根基性的品质，审美经验构成了人类生活的一种基本生存经验，这也就是前文所引述的"生活原有的审美品质"。

既明此，美学研究的对象，就不应局限于艺术，而是朝向更为广阔的人类生活敞开边界，甚至像实用主义哲学家杜威所主张的那样，打破原来的艺术定义与范式，从"一个经验"的角度重新界定和理解艺术："我们在所体验到的物质走完其历程而达到完满时，就拥有了一个经验……一件作品以一种令人满意的方式完成；一个问题得到了解决；一个游戏玩结束了；一个情况，不管是吃一餐饭、玩一盘棋、进行一番谈话、写一本书，或者参加一场选战，都会是圆满发展，其结果是一个高潮，而不是一个中断。这一个经验是一个整体，其中带着它自身的个性化的性质以及自我满足。这是一个经验。"③ 情感使

① 王确：《茶馆、劝业会和公园——中国近代生活美学之一》，《文艺争鸣》2010年第3期。
② ［意］克罗齐：《美学原理》，朱光潜译，上海人民出版社2007年版，第44页。
③ ［美］杜威：《艺术即经验》，高建平译，商务印书馆2007年版，第41页。

一个完满和整一的经验具有审美性，而美学研究就应该以"一个经验"为选择依据，超越传统观念层面"身体与心灵、物质与精神、生活与审美、形而下与形而上之间的尊卑、断裂关系"，就事实而言"物质—欲望的生活""社会—伦理的生活"和"审美—精神的生活"原本混杂不分的整体性生活之流中寻找自己的研究对象①。这也就是"生活美学"研究的观念与基本的方法论。

　　中国传统文化中有着丰富的"生活美学"资源，宋人以花为辐射的生活风尚正为我们讨论本土生活美学的理论与方法提供了恰当的范例。尽管"生活美学"是在现代化的语境下提出的，有西方的理论背景。不过生活美学可以作为研究视角，为中国古代美学打开一条通往"现在"的通道。

---

　　① 赵强、王确：《说"清福"：关于晚明士人生活美学的考察》，《清华大学学报》（哲学社会科学版）2014 年第 4 期。

目　　录

第一章　花与身体的外在修饰

在宋代的生活风尚中，簪花可以说是最突出、最直观、最具特色的一个社会现象。无论男女老幼、士农工商皆以簪花为时尚。宋代是中国历史上唯一一个男子普遍簪花的时代；无论是日常生活还是节日庆典，簪花都作为风俗习惯得以发扬；宫廷郊祀、宴饮等活动也要簪花，并且将其上升为一种制度，簪花已经具有了"礼"的意义。

如果说平民簪花更多地体现了对时尚的追求，那么在此基础之上，文人通过簪花抒发性情、表达情怀，不少诗词对簪花现象都有反映：

黄菊枝头生晓寒，人生莫放酒杯干。风前横笛斜吹雨，醉里簪花倒著冠。身健在，且加餐，舞裙歌板尽清欢。黄花白发相牵挽，付与时人冷眼看。（黄庭坚《鹧鸪天·座中有眉山隐客史应之和前韵，即席答之》）

鼓子花开春烂漫，荒园无限思量。今朝拄杖过西乡。急呼桃叶渡，为看牡丹忙。不管昨宵风雨横，依然红紫成行。白头陪奉少年场。一枝簪不住，推道帽檐长。（辛弃疾《临江仙·簪花屡堕，戏作》）

可见，无论是北宋还是南宋，文人簪花都是比较普遍的日常行为。黄庭坚和辛弃疾这两位大词人再现了簪花这一生活场景。这两首词中，簪花行为一是发生在清冷的秋天，二是在烂漫的春季，可知宋人簪花不分时节。由于花的生物习性各异，在不同的季节里，簪花的种类也就不尽相同，词中所用的花分别是迎秋而放的菊花和暮春而开的牡丹。这也反映出宋人簪花追求视觉冲击力，不全用茉莉、梅花等花形较小的品种，如菊花、牡丹这般色彩艳丽、丰满硕大的花卉也被大胆地使用。从词中我们还能看出，宋代民众不分长幼，都喜爱簪花。按常规设想，簪花是风流少年的时髦举动。但是在宋代，年长者一样可以簪花。"黄花白发相牵挽""白头陪奉少年场"说明两位诗人此时已经是白发苍苍的老者，"一枝簪不住，推道帽檐长""簪花屡堕"还有几分戏谑的味道。从词中我们还能感受到文人借簪花自娱自乐，抒发率真性情。"付与时人冷眼看"还隐约流露出对时局的无奈情绪，簪花正是诗人对政治隐情的反抗之举。

　　唐代和宋代处于中国传统文化、古典美学的高峰期，但其思想文化却呈现出不同的风格特质。如果说唐代美学充满了积极开拓的外向型气质，那么宋代美学则体现了精细幽微的内向型特征，对此学者多有比较："唐朝是一个崇侠尚武的时代，是一个开放热烈的时代，是一个男人打马球、女人荡秋千的时代；那么宋朝则是一个崇儒尚文的时代，是一个男人填词、女人缠足的时代。"① 总的来说，宋人缺少唐人开疆拓土的雄伟气魄，却比唐人审美更精巧细微，美学追求更富书卷气，"自言燕幽客，结发事远游。赤丸杀公吏，白刃报私仇。此唐人态度也。吾家藏书一万卷，集录三代以来金石遗文一千卷，有琴一张，有棋一局，而常置酒一壶。……以吾一翁，老于此物之间，是岂不为六一乎？此宋人精神也"②。宋代美学总体倾向是崇儒尚文、精致内敛，但这不代表宋人思想的保守、沉闷。"人言物外有烟霞，物外烟霞岂足夸"（邵雍《对花饮》），与广阔的外部世界相比，他们更强调内心的丰富。宋人的精致体现于生活中造神奇，簪花就饱含了浓

---

　　① 陈炎：《中国审美文化史》（唐宋元明清卷），山东画报出版社 2007 年版，第 176—177 页。

　　② 薛富兴：《唐宋美学概观》，见朱志荣主编《中国美学研究》（第一辑），上海三联书店2006 年版，第 145 页。

郁的审美意味。

　　作为宋代社会最具特色的生活风尚，簪花深植于宋人普遍爱花的风气之中。作为身体装饰手段，簪花反映了宋人对身体感性美的重视。簪花究竟是宋人生活中的常态之举还是出现于某些特定的时节场合？什么人会簪花？簪哪些花？有什么特殊含义？簪花作为意象在宋代诗词大量出现，文人要借簪花表达什么？如何看待簪花的美学意义？这种行为背后有怎样的历史文化语境？要回答这些问题，还需要从宋代社会的簪花风尚说起。

第一节　宋代的簪花风尚

　　簪花作为人类自我修饰的手段并不起源于宋代。《离骚》中就有把鲜花香草作为身体装饰的诗句，后人还把屈原看作香草的知己，不过屈原是否真的会身披鲜花也未为可知。目前能够确定的古人簪花行为最早发生在西汉——出土的簪花女陶俑可为例证。西汉时，人们在重阳节佩戴茱萸也已经成为风俗。沈从文通过考古发现在《中国古代服饰研究》中指出东汉女子已经有用花钿、花冠修饰自己的现象。花钿、花冠不同于鲜花，只是以花为造型的首饰。唐代的贵族女性喜欢用硕大艳丽的花朵装饰自己，但男性簪花和平民簪花并不普遍。

　　但在宋代，除象生花外，人们多用鲜花作为身体装饰。簪花发展成为普遍的社会风俗，人人都爱簪花、戴花。簪花不仅是女性爱美的举动，在宋代男子簪花蔚然成风。簪花者不分性别、年龄、阶层与贫富状况，不仅宫廷贵族、文人士大夫簪花，普通市民、劳动者也爱簪花。簪花不限于节日时令、宫廷庆典宴饮，已经内化为宋人日常生活的一部分。与前人相比，宋人簪花有以下几个特点。

　　首先，宋代簪花属于全民性的日常行为。宋代以前，鲜花更多地为贵族阶层所享用。周昉的《簪花仕女图》刻画的是上流社会贵族女性形象。（图一：簪花仕女图）斗花、斗香等活动只在贵族阶层流行。

《清异录》记载："中宗朝，宗纪韦武间为雅会，各携名香、比试优劣，名曰斗香"①。晚唐五代时期，宫廷还要举行斗花活动，场面比较正式，斗花输了的宫人要付钱置办酒席。

图一　簪花仕女图

到了宋代，花已经为平民社会所欣赏享用。普通市民、劳动者也簪花、戴花。舒岳祥有一首诗，反映了劳动妇女的簪花行为："前垅摘茶妇，顷筐带露收。艰辛只有课，歌笑似无愁。照水眉谁画，簪花面不羞。人生重容貌，那得不梳头。"（舒岳祥《自归耕篆畦见村妇有摘茶车水卖鱼汲水行馌寄衣舂米种麦泣布卖菜者作十妇词》）簪花这一行为，体现了采茶妇爽朗的性格和热爱生活的态度。即使从事艰辛的体力劳动，妇女簪花这一举动流露出了自尊自爱的品格和对美好生活的向往之情。

宋代社会鲜花进入了平民的日常消费品行列，花卉作为最重要的商品之一在市面流通。每日的清晨，卖花者骑着骏马、提着竹篮，发出清脆悠扬的叫卖声。到了鲜花盛开的时节，花市更显热闹，买者纷然，一派繁荣景象："是月春光将暮，百花尽开，如牡丹、芍药、棣棠、木香、荼蘼、蔷薇、金纱、玉绣球，小牡丹、海棠、锦李、徘徊、月季、粉团、杜鹃、宝相、千叶桃、绯桃、香梅、紫笑、长春、紫荆、金雀儿、笑靥、香兰、水仙、映山红等花，种种奇绝。"② 可以

---

① （宋）陶谷：《清异录》，见上海古籍出版社编《宋元笔记小说大观》（第一册），上海古籍出版社 2007 年版，第 133 页。

② （宋）吴自牧：《梦粱录》，浙江人民出版社 1980 年版，第 15 页。

说宋代的城市和居民，是在悠长的卖花声中睁开了眼睛。南宋临安的四百多个行业，其中之一为"面花儿行"，即专门生产和制作簪花的行业。较大规模的商品市场为宋人一年四季簪戴鲜花提供了前提条件。宋人簪花的种类是很丰富的。不同的季节，有条件选择不同的花朵佩戴。春季戴桃花、四香、瑞香、木香等花；夏天扑戴金灯花、茉莉、葵花、榴花、栀子花；秋季簪茉莉、兰花、木樨、秋茶花；冬天扑戴木春花、梅花、瑞香、兰花、水仙花、腊梅花。这说明宋代市民对鲜花有旺盛的需求，在饰品方面尽可能追求多样化，也从侧面反映出宋代鲜花种植业的进步和商品经济的发达。鲜花不但种类丰富，而且不因季节的变化停止供应。

其次，宋人有节日簪花的风俗。与日常簪花相比，节日簪花更显隆重。立春的时候，人们将鲜花或象生花制成春幡，佩戴在头上。佩戴春幡的习俗在很多诗词中都有反映："剪彩漫添怀抱恶，簪花空映鬓毛秋"（陈棣《立春日有感》），"春幡春胜，一阵春风吹酒醒"（苏轼《减字花木兰·已卯儋耳春词》），"春盘春酒年年好，试戴银幡判醉倒。"（陆游《木兰花·立春日作》）春日里由鲜花或象生花制成的"春幡"承载了人们在万物生发的季节里播种的希望，同时也成为追忆时光流逝的符号。

端午节也有簪花风俗，石榴花成为人的最爱。《水浒传》第十五回，阮小五一出场鬓边插朵石榴花。一进入五月，大街小巷响彻卖花声，接连数日。人们竞相购买菖蒲、石榴、蜀葵，栀子，将这些花放置门前，上挂五色钱。端午节又称重午、重五、浴兰令节。端午那天要以兰汤沐浴，还要喝菖蒲酒。榴花、兰汤、菖蒲酒，这些节物都与"花"有关。在宋人的观念里夏至阴气萌生，这些植物混合在一块可以避瘟疫。

节日里簪花历史最久、影响最大的当属重阳节簪菊。汉代重阳节，人们佩戴茱萸、饮菊花酒以求长寿祛病辟邪。到了唐代，人们将茱萸佩戴在头上，"遥知兄弟登高处，遍插茱萸少一人"（王维《九月九日忆山东兄弟》）。迟至中晚唐，出现了将菊花戴在头上的风俗，有诗为证："尘世难逢开口笑，菊花须插满头归"（杜牧《九日齐安登高》），"强插黄花三两枝，还图一醉浸愁眉"（郑谷《重阳夜旅怀》）。到了宋代重阳节，菊花由于具有更好的视觉效果，占据了更重要的位置，逐渐有取代茱萸之势。重阳佳节人们赏菊、簪菊、喝菊花酒。梅尧臣在一首诗中描述了与友人宴饮赏菊、簪菊欢聚的场景，菊花为聚会增添了不少兴味，"今年重阳公欲来，旋种中庭已开菊。黄金碎翦千万层，小树婆娑嘉趣足。鬓头插蕊惜光辉，酒面浮英爱芬馥。旋种旋摘趁时候，相笑相寻不拘束"（梅尧臣《次韵和永叔饮余家咏枯菊》）。菊花几乎成了重阳节的象征，赏菊是重阳节与家人、朋友团聚最重要的休闲活动。

宋人节日赏花、簪花，不单为遵循所谓的节日传统，更重要的是对常规性生活的超越。王十朋是南宋著名诗人，高宗绍兴元年重阳节，他与家人登高赏菊，无奈菊花未开。也许是因为无法赏菊减弱了重阳节的仪式感，亲戚朋友皆以为憾事。到了十月中旬，王十朋独自一人去东山散步，看到菊花开得正好，前日泛青的菊枝缀满了灿烂的花朵。他想起苏轼的话，"凉天佳月即中秋，菊花开日乃重阳，不以日月断也"，意识到只要能够尽兴快意，就是人生的好时节，不必拘泥于某个固定的日期，于是他在菊花畔摆开酒宴与乡邻们畅饮。这表明宋人具备寻求生活诗意的自觉意识。

再次，宋代社会男子簪花之风盛行。宋代是中国古代男子簪花的高峰期。学界对宋代男子簪花现象已经有了一定的研究成果。清代学者赵翼在《陔馀丛考·簪花》中谈道："今俗惟妇女簪花，古人则无有不簪花者。"[1]唐代就已经出现了男子簪花现象，但都是作为个案存在，并不是一种普遍的社会现象：

　　　　长安春时，盛于游赏，园林树木无闲地，故学士苏颋《应制》云："飞埃结红雾，游盖飘青云。"帝览之嘉赏焉。遂以御

---

① （清）赵翼：《赵翼全集》（第三册），曹光甫点校，凤凰出版社2009年版，第575页。

花亲插颎之巾上，时人荣之。①

　　汝阳王琎，明皇爱之，每随游幸。琎尝戴砑纱帽子打曲，上自摘红槿花一朵，置于帽上，遂奏舞山香一曲，花不坠落，上大笑。②

　　这两则材料有一个共同之处，即唐代男子簪花往往是贵族阶层的行为，发生在宫廷宴饮之时，由皇帝所赐，赐花意味着皇恩眷顾，簪花者倍感荣耀。到了宋代，男子簪花成了日常生活中的普遍现象，士农工商各阶层都以簪花为时尚。我们前面已经列举过黄庭坚与辛弃疾的诗词，文人簪花是日常生活中比较常见的行为。不仅文人雅士爱簪花，普通市民、劳动者也爱簪花，"洛阳风俗重繁华，荷担樵夫亦戴花"（司马光《效赵学士体成口号十章献开府太师》）。隐士邵雍有一首《插花吟》，"头上花枝照酒卮，酒卮中有好花枝"，可见隐士生活中也是经常簪花的。就连绿林草莽也爱戴花，《水浒传》里的浪子燕青被描述为："腰间斜插名人扇，鬓边常簪四季花。"

　　宋代男子在登科及第时要簪花。新科进士于贡院赐闻喜宴，皇帝赐花，宴罢簪花骑马而归，以示荣耀。司马光有言，"二十忝科名，闻喜宴独不戴花。同年曰：'君赐不可违也。'乃簪一花。"③ 宋人眼中登科及第有五种荣耀："两观天颜，一荣也；胪传天陛，二荣也；御宴赐花，都人叹美，三荣也；布衣而入，绿袍而出，四荣也；亲老有喜，足慰倚门之望，五荣也。"④ 簪花的荣耀感，来自情感和心理上的满足，代表着个人价值的实现，与忠、孝等价值并列。科举制度在宋代不断完善，宋代读书人极重视科举，金榜题名本是人生一大快

---

① （五代）王仁裕等：《开元天宝遗事十种》，丁如明辑校，上海古籍出版社1985年版，第91页。
② （宋）吴曾：《能改斋漫录》，上海古籍出版社1960年版，第69—70页。
③ （宋）司马光：《训俭示康》，见曾枣庄、刘琳主编《全宋文》（五十六册，卷一二二三），上海辞书出版社2006年版，第216页。
④ （元）刘一清：《钱塘遗事》（卷十），上海古籍出版社1985年版，第221页。

事。有诗歌表明及第簪花制造的荣耀体验在士人心中长时间挥之不去，即使在人生低落之时也会回想起昔日簪花的荣光："去年花下探春雨，鸣鞭走马看花开。今朝危坐空山里，不识春从何处来。"（王庭珪《酬刘英臣载酒送花》）宋代男子的簪花之风影响至金、元两代，明清开始衰落。但是状元簪花的风俗还是延续到了清代。殿试结果公布后，高中头甲的三人要出东长安门游街，顺天府丞按例在东长安门外设宴，三人宴席间要簪戴金花沿袭古制旧俗。

民间嫁娶中，新郎官也有簪花习俗。《水浒传》中周通去桃花庄娶亲，鬓边簪一朵罗帛象生花，就是这种风俗的反映。另外在庆寿场合，男子也会簪花。此时簪花具有表演的性质，起到戏彩娱亲的作用，"庭下阿儿寿慈母，簪花拜舞笑牵衣"（何梦桂《和何逢原寿母六诗·其二》）。

最后，簪花成为宋代宫廷典仪。除了日常簪花与节日庆典簪花外，继承唐代的传统，宋代宫廷也有簪花的习俗。回到我们在上文刚刚提到过的例子：苏颋赋诗受到唐玄宗奖励，玄宗亲自将御花插于苏颋头巾之上；汝阳王在进行歌舞表演时，簪戴红槿花助兴。唐代宫廷虽然出现了簪花现象，却是即兴的、偶然性行为。与之相比，宋代宫廷簪花已经形成了严格的制度，上升到典仪的高度。

《宋史·舆服志》有明确的"簪戴"条目："幞头簪花，谓之簪戴。中兴、郊祀、明堂礼毕回銮，臣僚及扈从并簪花，恭谢日亦如之。大罗花以红、黄、银红三色，栾枝以杂色罗、大绢花以红、银红二色。罗花以赐百官，栾枝，卿监以上有之。绢花以赐将校以下。太上两宫上寿毕，及圣节、及赐宴、及赐新进士闻喜宴，并如之。"① 宋代宫廷对簪花的场合、不同品级官员簪花的种类都有严格规定。国家大典如中兴、郊祀、恭谢、两宫寿宴、新进士闻喜宴等场合，臣子们都要簪花。不同级别的官员簪花种类也不相同，分成罗花、栾枝、绢花三种。官员们除了可以簪戴罗花、绢花、栾枝等象生花外，还可以

---

① （元）脱脱等撰：《宋史》（卷一五三），中华书局1977年版，第3569—3570页。

佩戴"生花",其中包括牡丹、芍药等艳丽硕大的花朵。杨万里有诗云:"春色何须羯鼓催,君王元日领春回。牡丹芍药蔷薇朵,都向千官帽上开。"(杨万里《德寿宫庆寿口号·其三》)官员队伍浩浩荡荡,宛如春日百花盛开,其壮观场面可以想见。《铁围山丛谈》对宫廷簪花的礼仪也作出过说明:

> 国朝宴集,赐臣僚花有三品。生辰大宴,遇大辽人使在庭,则内用绢帛花,盖示之以礼俭,且祖宗旧程也。春秋二宴,则用罗帛花,为甚美丽。至凡大礼后恭谢,上元节游春,或幸金明池琼花,从臣皆扈驿而随车驾,有小宴谓之对御。凡对御则用滴粉缕金花,极其珍藿矣。又赐臣僚宴花,率从班品高下,莫不多寡有数,至滴粉缕金花为最,则倍于常所颁。此盛朝之故事云。①

从上面的材料我们可以大致知晓北宋宫廷对簪花种类与场合有详细的规定。宴饮的范围与对象不同,簪花种类也有区别。大致可以分为三种情况:圣节大宴,如有辽国使节参加,使用绢帛花;春秋两次宴会,用罗帛花;上元游春或皇帝出行,则安排小规模的宴会,称为"对御"。如遇"对御",从臣们簪戴"滴粉缕金花"。"滴粉缕金花"要比"绢帛花""罗帛花"更加美丽珍贵。赏赐"滴粉缕金花"的数量要比平时加倍。簪戴"滴粉缕金花"表示君主与从臣的关系更为亲厚。簪花为等级分明的礼仪制度增添了人性化的成分。

宋人视"礼"为国家治乱的根本,很注重"礼"的维护。提倡柔性的礼仪制度,这是宋代对"礼"的观念的发展。在宋人看来,"礼"的制定与维护应该建立在人情能够接受的基础上:"礼成列圣宴群工,浩荡春风到竹宫。传旨簪花俄侣锦,信知天子是天公。"(武衍《恭谢庆成诗十阕》)在簪花的仪式中,君主的权威感柔化了,"天公"的比喻既准确又亲切。在和谐融洽的气氛里,臣民体会到的

---

① (宋)蔡绦:《铁围山丛谈》,冯惠民、沈锡麟点校,中华书局1983年版,第18页。

是被尊重的舒适感。宋代社会簪花的生活风尚体现了"礼"的生活化、世俗化。礼仪教化让人发自内心地自觉遵循才是高明的策略。如果社会秩序教条刻板地强制地让人遵守，没有丝毫益处。宋代运行的社会秩序考虑到了人的接受心理。"簪花"在某种意义上，反映了宋代社会文明的进步。

第二节　以花为饰：宋人身体美的展现

在人们惯常的印象里，宋人似乎对身体采取了遮蔽的态度。从某种意义上讲，妇女着装是衡量社会开放程度的标尺。唐代妇女的服饰从遮蔽全身的羃䍠，到浅露姿容的帷帽，再到袒胸露臂的半臂、披帛。一系列变化反映了唐代对身体美的展现较为自由开放的态度。宋朝的女性着装则有保守封闭的一面，唐代已经摒弃的羃䍠，宋代又重新使用了，但并不代表宋人无视身体美的存在，而是在展现身体美的方式上采取了审慎、内敛的态度。

事实上，宋人的"爱美之心"并不弱于唐代，追求时尚酷爱打扮是当时的社会风气。南宋的周煇写道，"自孩提，见妇女装束数岁即一变，况乎数十百年前，样制自应不同。如高冠长梳，犹及见之，当时名'大梳裹'，非盛礼不用。若施于今日，未必不夸为新奇"①。可见宋代妇女爱好高梳大髻"大梳裹"的造型在北宋时还非常隆重。为了搭配高梳大髻的发型，宋代妇女特别重视花冠。除真花外，花冠还可以用各色罗绢等象生花制成，可以加金玉、玳瑁、珠子等物点缀。有的花冠仿效牡丹、芍药的造型。王观的《芍药谱》很多花以"冠子"命名，可知许多名花被效仿作为妇女头上的装饰品。宗教活动是当时比较重要的社会活动，也成了竞美的场合。妇女们都要盛装出席，佩戴昂贵的珠宝首饰，在当时被称作"斗宝会"。②

---

① （宋）周煇：《清波杂志》（卷八），刘永翔点校，中华书局1994年版，第338页。
② （宋）吴自牧：《梦粱录》，浙江人民出版社1980年版，第181—182页。

因其良好的装饰效果，鲜花或以花为造型的饰品被广泛使用。在身体装饰物方面，宋代比前人更加注重细节。陆游《老学庵笔记》中描述了一种叫作"一年景"的头饰："靖康初，京师织帛及妇人首饰衣服，皆备四时。如节物则春旛、灯毯、竞渡、艾虎、云月之类，花则桃、杏、荷花、菊花、梅花，皆并为一景，谓之一年景。"[①] 桃杏花、荷花、菊花、梅花本不是能同时出现的，宋人却将几种花并置，显然有"兼美"的意图。宋代妇女还在额上和两颊间贴花子。花子就是用极薄的金属片或彩纸剪成花朵的形状，有时也剪成小动物形状或者黏合羽毛。"落梅妆"是宋代妇女很流行的打扮，所谓"落梅妆"是指眉间画有五瓣梅花的妆容。关于"落梅妆"有一个很美的传说。相传南朝宋武帝的女儿寿阳公主，一日卧于含章殿下。梅花落在她的额上，形成五瓣花朵，更显得娇媚可爱，此妆因此得名。

簪花作为自我修饰的手段，首先突出的是人花相映的视觉美感，花起到了衬托人的作用。《开元天宝遗事》记载，唐明皇亲自将一枝千叶桃花插于杨贵妃的宝冠上，认为此花尤能助娇态。相似的情节出现在李清照的词里："卖花担上，买得一枝春欲放。泪染轻匀，犹带彤霞晓露痕。怕郎猜道，奴面不如花面好。云鬓斜簪，徒要教郎比并看。"（李清照《减字木兰花·卖花担上》）词中的"簪花"显然更有情致，明明是爱美要戴花，却又担心花比人俏。索性插于鬓上"拷问"心上人，到底更爱哪一个？女子的任性娇憨跃然于纸上。王昌龄的《越女诗》意思与之相似，但不如李清照的词富于闺阁情趣。在特定的场景中，花作为背景，给人带来极强的视觉冲击力。《红楼梦》第六十二回有"憨湘云醉眠芍药裀"一节：

　　果见湘云卧于山石僻处一个石凳子上，业经香梦沉酣，四面芍药花飞了一身，满头脸衣襟上皆是红香散乱，手中的扇子在地

---

① （宋）陆游：《老学庵笔记》，见上海古籍出版社编《宋元小说大观》（四册），上海古籍出版社2007年版，第3470页。

下，也半被落花埋了，一群蜂蝶闹嚷嚷的围着他，又用鲛帕包了一包芍药花瓣枕着。……湘云口内犹作醉语说酒令，唧唧嘟嘟说："泉香而酒冽，玉盎盛来琥珀光，直饮到梅梢月上，醉扶归，却为宜会亲友。"①

　　章回题目中的"芍药裀"有点题之意。这段文字极具画面感，芍药花数量极多漫天席地，能作美人之裀被。芍药花本就艳丽妖娆，妩媚多姿，有"花相"之称。少女醉卧芍药花间，并没有丝毫逊色，可知湘云相貌极美，而且此举更显其天真活泼。花对人物起到了衬托作用。

　　在审美体验上人与花具有互通感。花的形、色、香、态与人的形体、肌肤、容貌可以并举，花作为有机整体表现出来的主观特征、气质个性与人的精神面貌气质神韵类似。宋人常常在诗歌中使用人花互喻的手法。黄庭坚有一首写梨花的诗："桃花人面各相红，不及天然玉作容。总向风尘尘莫染，轻轻笼月倚墙东。"（黄庭坚《次韵梨花》）先是借用崔护"人面不知何处去，桃花依旧笑春风"的典故，再写桃花虽艳丽，不及梨花天然娴雅，如同一个不染风尘保持本色的天然美人。苏轼有一首词更是达到人花幻化的境界，简直分不清是写花还是写人了："玉骨那愁瘴雾，冰姿自有仙风。海仙时遣探芳丛，倒挂绿毛么凤。素面翻嫌粉涴，洗妆不褪唇红。高情已逐晓云空，不与梨花同梦。"（苏轼《西江月·梅花》）"素面""洗妆"借梅花梅叶的颜色写出了佳人不施粉黛清丽自然，肤如凝脂，唇红齿白。"玉骨""冰姿"两句借梅花写人物冰清玉洁超凡脱俗的气质神韵。这首题为"梅花"的词，实为一首怀人之作。

　　嗅觉体验是人们簪花的另外一个原因。茉莉花因香气浓郁，尤其是夜晚香气尤甚而受到宋人的喜爱，成为簪花的上佳选择。"香从清

---

①　（清）曹雪芹、高鹗：《红楼梦》，脂砚斋、王希廉点评，中华书局 2009 年版，第423 页。

梦回时觉，花向美人头上开"（王士禄《末丽词》），说的就是这种情况。宋人偏爱花的气味，为了方便留存，宋人将花制成"香"。宋人笔记里留下了很多制香的方法。用花朵混合其他物质，再采用蒸馏或浸泡的方法，密封保存发挥最佳效果。有一种叫"朱栾"的柑果，花香绝胜。在瓶中将笺香或降真香与花层叠累积，密封贮存，花的汁液会渗入香片中。之后再经过三四遍熏蒸，即可成香。再者，木樨花清芬馥郁，也是制香的好材料。在花半开香正浓之时采撷，拌入冬青的汁液，放入油磁瓶中，以厚纸密封。没有花开的季节再取出，依然能感受到花的香气。

　　香是花魅力的延续，宋人爱香，香在宋人生活中占据着特殊地位，香在当时是重要的贡品。据相关资料显示，北宋建国初期国力强盛，诸国来朝，香料、香药是最重要的贡品之一。宋太祖建隆二年，占城贡龙脑香药；宋太祖建隆三年，占城、泉州贡乳香；乾德元年，吴越进香药；乾德四年，占城又进香药；乾德五年，高继冲献龙脑香；开宝七年，三佛齐国贡乳香、蔷薇水；开宝八年，交阯贡香药，包括茶芜香、安息香、沉香……钱塘钱俶来归，贡香药以万斤计①。宋代以前，香的应用并不广泛，也只在上层社会流行。宋代以后，香更多地进入了平民百姓的生活之中，香与宋人的生活联系紧密。《清明上河图》里，就有香药店。当时的妇女坐车，会随身携带两个香球，沿途留下芬芳，所谓"香车宝马"。宋人还愿意用有香气的木材制造家具，檀香床就是用檀香木制造的床。文人爱焚香，与品茗、饮酒、插花、弈棋一样，焚香是优雅生活的体现。

　　簪花的盛行折射出宋人正视身体的感性美，将身体作为审美对象，表达了对人体美的追求。这无疑是一种进步，是中国传统审美文化发展到盛世才有的气象。宋代的社会风气虽然不如唐代开放，但是在身体审美的意识上却不遑多让，而且宋人的行动更为大胆，为了满

　　① 　根据《中国历代贡品大观》整理。龚予、陈雨石、洪炯坤主编：《中国历代贡品大观》，上海社会科学院出版社 1992 年版。

足美的需求可以对身体外观做出了根本性改变，纹身便是一例。在宋代拥有一身漂亮的纹身是美男子的标志。《水浒传》里以欣赏的态度提到燕青的纹身。纹身在宋代都市的少年中间流行，当时有专门纹身的店铺，为人纹身的工匠称"针笔匠"。宋人纹身的图案还很文艺，花的纹样也是纹身的重要内容。有一个叫葛清的人，将白居易的诗和画纹在身上，其中有"不是此花偏爱菊"等诗句。图案精细异常，遍布全身。

如果说簪花与纹身体现的是精致文气的美，那么宋人同样欣赏刚健、矫捷的身体之美。宋人爱观潮，观潮是一项颇具危险性的活动，有时甚至有生命危险。绍兴十年八月十八日，临安观钱塘江大潮，死者不下百人。但是宋人的观潮热情丝毫不减，热衷弄潮、水嬉活动。在这项紧张刺激的活动中，人们由衷赞美弄潮儿矫健的身姿，"长忆观潮，满郭人争江上望。来疑沧海尽成空，万面鼓声中。弄潮儿向涛头立，手把红旗旗不湿。别来几何梦中看，梦觉尚心寒。"（潘阆《酒泉子》）。

服饰是身体的延伸，对身体美的欣赏可以通过对服饰的关注表现出来。衣物能显现身材体态，在质料上，宋人偏爱轻软飘逸的材料，以表现身体的轻盈娜娜，如罗、绫、绮、纱绉等各类织品。与之前的朝代相比，宋代诗词对服饰的描写明显增多。一方面的原因是在发达的纺织业基础上宋代服装材料精美、美观多样；另一方面的原因是宋人服饰审美的意识增强，柔软飘逸的服饰可以凸显苗条的身材。再者服饰可以作为人物特征与标志。晏几道曾写道："斗草阶前初见，穿针楼上曾逢。罗裙香露玉钗风"（晏几道《临江仙》），诗人心中的美人是与罗裙、玉钗联系在一起的，人物与服饰共同保留在人的记忆里。

花卉图案一直是服饰的重要纹样。到了宋代，花卉作为纹样呈现出自身的演变特点：贴近生活的具有世俗精神的写实性花卉纹样取代了唐代具有宗教意义的祥瑞图案。常见的图案有莲花、牡丹、海棠、梅、菊、秋葵、忍冬、石榴、桂花、茶花、芍药、桃花、水仙、蔷薇、荼蘼等。此外代表君子人格的松竹等图案也颇受人的喜爱。

花卉纹样增强了服饰的艺术感。宋代服饰艺术性很强，刺绣在宋代逐渐演变成欣赏性艺术，宋徽宗还在皇家画院设刺绣专科。宋代发展了独特的缂丝工艺，缂丝也称"刻丝"或"尅丝"。唐代也有缂丝，但远远没有发展成熟，以几何图纹为主，交接处还有明显的印记。宋代缂丝工艺日趋成熟，具有雕刻的视觉效果，工艺相当先进，能够做到"虽做百花""不相类也"。宋人笔记里面详细记载了"刻丝"工艺：

> 定州织"刻丝"，不用大机，以熟色丝经於木棦上，随所欲作花草禽兽状，以小梭织纬时，先留其处，方以杂色线缀於经纬之上，合以成文，若不相连。承空视之，如彫镂之象，故名"刻丝"。如妇人一衣，终岁可就。虽作百花，使不相类亦可，盖纬线非通梭所织也。[①]

到了南宋，缂丝从实用工艺品转为纯粹的欣赏型艺术品，模仿山水、花鸟、人物等名画莫不惟妙惟肖。缂丝工艺具有立体感，视觉效果上更胜原作。可见宋代生活用品具有极强的艺术性，或者说宋人以创作艺术的态度与技巧来制作生活用品。

文人在服饰方面有自己的主张，亲自设计服饰来表达个性。宋代等级制度森严，正式场合着装有严格规定，"俾闾阎之卑，不得与尊者同荣；倡优之贱，不得与贵者并丽"[②]。文人就靠改良常服来标新立异。比如，苏轼对帽子进行改造，将乌纱制为双层，短檐无角，状如桶形，被时人称作"子瞻样"。苏轼对自己的发明创造很满意，自言："自漉疏巾邀醉客，更将空壳付冠师。规摹简古人争看，簪导轻安发不知。更着短檐高乌帽，东坡何事不违时"（苏轼《椰子冠》）。他

---

① （宋）庄绰：《鸡肋编》，萧鲁阳点校，中华书局 1983 年版，第 33 页。
② （元）脱脱等：《宋史》（卷一百六），中华书局 1977 年版，第 3577 页。

用"奇装异服"来标榜自己的不合时宜，表现出率直天真的个性。文人改良服饰具有社会效应。北宋初年头巾并不流行，元祐年间，司马光和程颐率先用巾帛包首，到了南宋，戴头巾成为社会风潮，上至公卿，下至平民，一律戴头巾。头巾发展成多种样式，有圆顶、方顶、砖顶、琴顶。曾有大臣主张恢复北宋初年的衫帽，已经无法推行了。

第三节　文人簪花与人生寄寓：以辛弃疾为中心

文人的簪花活动代表整个社会的审美风尚。簪花除了能够满足文人的日常审美需求以外，也成为他们表现内心的一种方式。簪花活动与他们的生活境遇、社会活动、身体健康、思想情感等状况有很大的关联。以簪花为寄寓方式是当时文人的普遍做法，这是宋代文人审美意识在生活领域开拓的结果。魏晋时期，文人纵情山水、嗜酒服药，他们喜欢用放浪形骸、超然物外的方式表达他们的人生主张：

> 刘伶恒纵酒放达，或脱衣裸形在屋中，人见讥之。伶曰："我以天地为栋宇，屋室为裈衣，诸君何为入我裈！"①
>
> 阮仲容、步兵居道南，诸阮居道北；北阮皆富，南阮贫。七月七日，北阮盛晒衣，皆纱罗锦绮。仲容以竿挂大布犊鼻裈于中庭，人或怪之，答曰："未能免俗，聊复尔耳！"②

刘伶赤身裸体、阮咸晒衣，都是用极端的方式表示对礼教、习俗的藐视。魏晋文人要打破先前世界制定的一切成规。宋代文人已经认识到人要生活在规则秩序里，远离了这些较为极端的表达方式，戴着"镣铐"翩翩起舞。他们采用簪花、品茶、弈棋、焚香等更为艺术化的方式，在生活中超越生活，以审美的态度面对浮世悲欢。文人生活

---

① （南朝）刘义庆：《世说新语》，中华书局 2007 年版，第 177 页。
② （南朝）刘义庆：《世说新语》，中华书局 2007 年版，第 178—179 页。

中看似细小平常的活动传达无限丰富的意味，"雪后寻梅，霜前访菊，雨际护兰，风外听竹，固野客之闲情，实文人之深趣"①。簪花也是如此，文人簪花并不是个别现象，乃是一个特殊的社会群体的"寄意"方式。除了前文我们阐述的种种意味之外，文人士大夫簪花乃生活趣味的体现，内心强烈情绪的宣泄，人生态度的变相表达。朱敦儒有词云："诗万首，酒千觞，几曾着眼看侯王。玉楼金阙慵归去，且插梅花醉洛阳。"（朱敦儒《鹧鸪天·西都作》）诗人藐视荣华富贵，只求寄情山水诗酒，"插梅醉洛阳"表现了诗人特立独行和对自由生活的向往。欧阳修借"酒醉簪花"将自己塑造成了与民同乐的太守形象：

丰乐亭游春三首

绿树交加山鸟啼，晴风荡漾落花飞。鸟歌花舞太守醉，明日酒醒春已归。

春云淡淡日辉辉，草惹行襟絮拂衣。行到亭西逢太守，篮舆酩酊插花归。

红树青山日欲斜，长郊草色绿无涯。游人不管春将老，来往亭前踏落花。

宋代文人大多奉儒家思想为修身理念，中唐白居易倡导的"达则兼济天下，穷则独善其身"影响深远。对于经常处于政治旋涡的宋代文人来说，不失为一个在社会理想与自我保全之间求得平衡的途径。庆历四年，范仲淹主持的新政失败，富弼、韩琦、欧阳修等人纷纷遭到贬谪，特别是欧阳修，还被别有用心的政敌攻击，卷入所谓的"甥女案"，虽然最后真相大白水落石出，但是对欧阳修的精神打击极大。庆历五年，欧阳修外放滁州。起初欧阳修还陷于精神苦闷中，有诗云

---

① （明）陈继儒：《小窗幽记：外二种》，罗立刚校注，上海古籍出版社 2000 年版，第54 页。

"昔在洛阳年少时，春思每先花乱发。萌芽不待杨柳动，探春马蹄常踏雪。到今年才三十九，怕见新花羞白发"（《病中代书奉寄圣俞二十五兄》），政治主张无法实现身心俱疲，回想洛阳赏牡丹的翩翩少年，已孤影自怜垂垂老矣。可滁州美丽的自然风光、纯朴的民风安抚了欧阳修本就豁达的心灵，他开始纵情山水，以醉翁自居。此诗乃欧阳修庆历七年在滁州时所作，他没有表现出因政敌排挤打压消沉的一面，相反大家看到的欧阳修是一个很有生活情趣的人。暮春之际，绿树成荫鸟语花香，百姓都出来游春了。太守喝醉了，不顾众人诧异的眼光，只能坐在篮舆中，头上插满春花。诗人描绘了一幅暮春时节众人游春图，"簪花"突出了自己享受人生不负春光的形象。欧阳修的学生曾巩颇能理解老师的心意和做法，"公之乐，吾能言之。吾君优游而无为于上，吾民给足而无憾于下，天下学者皆以材且良，夷狄、鸟兽、草木之生者皆得其宜，公乐也。一山之隅、一泉之旁，岂公之乐哉？乃公所以寄意于此也"①。

　　此节选择个案研究的方法，其出发点是将"簪花"还原到个体生活的原始状态中去。虽然这种做法难免挂一漏万，但"生活"首先是一个生动的、具体的人的独特境遇与感知。一个人的思想、感受、言行都是在生活中生发、形成、表现出来的，也会随着生活境遇的变化而变化。诚然，每个人都不可避免地受到"时代""种族""环境"等宏大历史因素的影响与限制，但这种影响只能通过每个人的生活发挥作用。即使在相同的历史环境下，每个人的境遇也不相同。另外由于个体性情、价值观念差异很大，要清楚了解"簪花"寄寓的情感及其与人生的关系，就必须把它纳入某个个体的具体生活情境里考察。之所以选择辛弃疾为主要的论述对象，是因为辛弃疾诗词反映出来的"簪花"的意味比较丰富。簪花行为贯穿了他生命的始终，在他青年、壮年、老年三个时期，诗词中都表现过"簪花"事件。如果深入挖掘

---

　　① （宋）曾巩：《醒心亭记》，见《曾巩散文全集》，今日中国出版社 1996 年版，第333 页。

的话不难发现簪花活动与他的人生遭际有密切关联。他通过"簪花"寄寓的思想与情感在宋代文人中间也比较有代表性。

一　"仕"与"隐"的矛盾

隆兴元年（1163）立春这一天，辛弃疾写下了一首《汉宫春·立春日》：

> 春已归来，看美人头上，袅袅春幡。无端风雨，未肯收尽余寒。年时燕子，料今宵、梦到西园。浑未办、黄柑荐酒，更传青韭堆盘。却笑东风从此，便熏梅染柳，更没些闲。闲时又来镜里，转变朱颜。清愁不断，问何人、会解连环。生怕见、花开花落，朝来塞雁先还。

我们前文已经提到过，在立春这一天，宋人有将鲜花或象生花制成春幡佩戴在头上的风俗。看到美人头上的春幡，辛弃疾意识到春天又来了。自己的家乡还被金人占据，有家难归，只有燕子才能飞回故园。"解连环"的典故出自《战国策》，这里指诗人的情绪无法排遣。

诗人的愁苦从何而来？主要是对前途茫然无知的焦虑感。此时的辛弃疾是渴望有所建树的。此词作于辛弃疾南归后的第一个春天，诗人刚从抗金战场归来，只有 24 岁。辛弃疾不同于一般的文弱书生，他胆色过人、身手出众、屡立战功，是文武双全的青年军事将领。《宋史·辛弃疾传》中以"青兕"来形容他。面对南宋艰难的时局，辛弃疾试图有所作为。就在此词创作不久以前，他已经向主战派将领张浚建言提出自己的用兵方略。尽管他只是江阴军签判——一个比较轻松的闲职。

立春的春幡触及了诗人内心酝酿已久的抑郁。此时的辛弃疾并没有受到重用，前途未明报国无门。杨希闵《词轨》中说此词有寄托之意，感慨南渡之事以及南宋统治者不图恢复大好河山之意。这首词中，有他实现自我价值的渴望，有力主祖国统一的情怀，也有故乡沦落敌手的伤痛之感。陈廷焯在《白雨斋诗话》中说："辛稼轩，词中之龙也，气魄极雄大，意境却极沉郁。"① 沉郁是中国古典美学的重要范畴，其艺术表现是在极细微的事物上寄托极深沉的感慨。在这首词中，诗人通过小小的簪花寄寓了渴望建功立业又无法实现慨叹时光飞逝的情怀。

淳熙十五年（1188）元日立春，辛弃疾又一次"簪花怀远"：

> 谁向椒盘簪采胜？整整韶华，争上春风鬓。往日不堪重记省，为花长把新春恨。春未来时先借问，晚恨开迟，早又飘零尽。今岁花期消息定，只愁风雨无凭准。（辛弃疾《蝶恋花·戊戌元日立春席间作》）

这次记述簪花的情形已经和上一次颇为不同。辛弃疾经历了宦海沉浮，曾在军中任职，先后做了几任地方官吏，做出了很多政绩，但并未在中央担任要职，无法从根本上实现自己的政治主张。淳熙八年（1181）起，他被弹劾隐居于带湖。创作此词时，已经是他隐居的第八个年头了。

"谁有椒盘簪采胜？整整韶华，争上春风鬓。"立春这一天，辛弃疾想起朝中按惯例要赐给百官"春幡胜"，官员还要插花进宫入贺。自己闲居已久，什么时候能够重新获得赐花的礼遇呢？"今岁花开消息定，只愁风雨无凭信。"不难让人联想到朝廷刚刚发生的大事。淳熙十四年（1187）十月，太上皇帝（高宗）卒。十一月，宋孝宗命皇太子赵惇参决庶务。帝位的更迭必然会带来政策方针和用人方略的转变。在"仕"与"隐"的问题上自己该如何抉择？

辛弃疾此番面对"簪花"的所思所想要比上一次复杂得多。首先辛弃疾不再是一个壮志难酬、跃跃欲试的青年人。此时他已年近半百，阅历与人生感受自然与之前不同。他对自己不容于世的性格是有

---

① （清）陈廷焯：《白雨斋词话》，上海古籍出版社2009年版，第22页。

清醒认识的，他在给皇帝上书时写道："臣孤危一身久矣，荷陛下保全，事有可为，杀身不顾。……但臣生平刚拙自信，年来不为众人所容，顾恐言未脱口而祸不旋踵。"① 再者，辛弃疾的闲居生活也比较安定富足。他先后居住过的带湖和瓢泉，环境优美，景色宜人，很多诗词中都反映了他对带湖风光的喜爱。鸥鹭、白鹤、青萍、鱼儿、清风、明月都是他的"盟友"。尽管如此，辛弃疾并没有做好真正归隐的准备。他的心态可以用"彷徨徘徊"四个字来形容。他在带湖新居落成之时一方面想过"秋菊堪餐，春兰可佩"的隐居生活；另一方面又踌躇"怕君恩未许，此意徘徊"（辛弃疾《沁园春·带湖新居将成》）。

应该说辛弃疾在立春之日想起宫廷赐花的风俗又一次验证了他在长达十年的隐居生活中并没有完全放弃为国效力的打算。他在"报国"与"归隐"之间的纠结展露无遗。辛弃疾这种矛盾的心理在南宋文人中间是有普遍意义的。南宋的另外一位大诗人陆游心态与之类似。陆游长期过着平淡惬意的田园生活，品茶、吃斋、养生、种菜、写诗，却也没有忘记报国的信念，一面"为爱名花抵死狂"，一面"位卑未敢忘忧国"。陆游在成都居住时曾写过《花时游遍诸家园》绝句十首。他甚爱春天蜀中的海棠花，"成都二月海棠开，锦绣裹城迷巷陌"（陆游《驿舍见故屏风画海棠有感》），"我初入蜀鬓未霜，南充樊亭看海棠"（陆游《海棠歌》）。中国文人不需要也不习惯从宗教中获得安慰，在失意的时候他们更倾向纵情于山水花木。白堤、苏堤上的绿柳桃花，就是此类见证吧。

二　白发簪花的疏狂放达

前文已经提到辛弃疾老年时也有反映簪花的诗词："鼓子花开春烂漫，荒园无限思量。今朝拄杖过西乡。急呼桃叶渡，为看牡丹忙。

---

① （宋）辛弃疾：《淳熙己亥论盗贼札子》，见徐汉明校注《辛弃疾全集校注》（上册），华中科技大学出版社 2012 年版，第 824 页。

不管昨宵风雨横，依然红紫成行。白头陪奉少年场。一枝簪不住，推道帽檐长。"（辛弃疾《临江仙·簪花屡堕，戏作》）此词大概作于嘉泰二年（1202），此前他刚刚度过自己六十三岁的生日。通过这首词，我们似乎能看到在烂漫的春日里，一个发秃齿摇的老人，拄着拐杖急于去看牡丹花。老人也想同年轻人一样将花簪戴在头上，可头发已然稀疏，簪花不住，只好自我解嘲一番，推说是帽檐太长的缘故。一个热爱闲居生活不失童趣的老人形象跃然于纸上。

"白发簪花"客观反映了辛弃疾的健康状况。一直以来辛弃疾留给世人的似乎都是身强体健的印象，但真实的情况并非如此。从中年开始，辛弃疾的身体状况并不好。关于"白头"一事，早在孝宗淳熙二年（1175），他任江西提点刑狱时就提到过："过眼不如人意事，十常八九今头白。"（辛弃疾《满江红·赣州席上呈太守陈季陵侍郎》）之后辛弃疾不断在文章诗词中提到自己未老先衰、疾病缠身的状况，"楼观才成人已去，旌旗未卷头先白"（辛弃疾《满江红·江行》），"说剑论诗馀事，醉舞狂歌欲倒，老子颇堪哀。白发宁有种，一一醒时栽"（辛弃疾《水调歌头·汤朝美司谏见和，用韵为谢》）。词中的白发簪花屡堕，并不是艺术夸张，应该是诗人真实情况的写照。

仅从生活真实的角度看"白发簪花"显然是不够的。辛弃疾这一行为体现了诗人豁达从容的生活态度。辛弃疾已经从慷慨豪侠的青年人变成了风趣闲散的老人，簪花不再激起建功立业的情怀。诗人已经到了迟暮之年无惧是非纷扰，有看尽世事沧桑的透彻与清醒。这一时期，他的词作中流露出了对过去生活和信念的反思，"六十三年无限事，从头悔恨难追。已知六十二年非。只应今日是，后日又寻思"。（辛弃疾《临江仙·戊戌岁生日书怀》）更主要的是，在宋代"白发簪花"已经形成了一个较为稳定的意象，经常在诗词中出现：

> 堤上游人逐画船，拍堤春水四垂天。绿杨楼外出秋千。白发戴花君莫笑，《六幺》催拍盏频传。人生何处似樽前（欧阳修《浣溪沙》）。

满头虽白发，聊插一枝春（蒋之奇《梅花》）。

戴花休管头无那，酌酒何妨手自亲。七十人生从古少，安知来岁有吾身（吴芾《余既和乐天诗而喜于年及之心犹不能自己又复再和八首·其六》）。

作为审美意象"白发簪花"有丰富的况味。白发与花反差鲜明，娇艳的鲜花与苍老的人在视觉上形成了鲜明的对比，这是审美意象形成的感性基础。美与丑是相对而言的，没有美，就无所谓丑；没有丑，美也就不成为美。人对衰老的认识，就是从美丑相互关系开始的。在时间的流转中，一切健康和美丽的东西都逐渐变得衰老和破败。法国艺术家罗丹区别了两种丑，一种是自然的丑，它与正常、健康、力量等要素呈现相反方向的质地；另一种是精神上的丑，比如不道德、污秽的、罪恶的人。白发代表的衰老属于自然的"丑"，罗丹认为艺术会让自然的丑转化成美。一切审美意象不等同于对象的物理属性，自然中的"丑"又不同于艺术中的"丑"。自然的丑由于更具性格，所以在艺术中是"美"的。在艺术中，只有没性格的东西，才是丑的："在艺术中所谓的丑，就是那些虚假、做作的东西，不重表现，但求浮华、纤柔的矫饰，无故的笑脸，装模作样，傲慢自负——一切没有灵魂、没有道理，只是为了炫耀的说谎的东西。"①"白发簪花"性格上的力量成就了艺术的美。

"白发簪花"这一审美意象高扬的主体精神是美的。花引发了簪花者的生命意识，促动人对时间的思考、联想与体验。文人在生命的终点，往往借花表达对生命的哲学思考。王安石病危之时，尤折花数枝置于床前。写下绝笔诗："老年少欢豫，况复病在床。汲水置新花，取慰此流光。流光只须臾，我亦岂久长。新花与故吾，已矣两相忘。"（《新花》）花激发了人热爱生命、拥抱青春的热情。人生越是短暂，

① ［法］罗丹述、葛塞尔：《罗丹艺术论》（重编彩图本），傅雷译，天津社会科学院出版社 2005 年版，第 40—41 页。

就越应该尽情释放。在宋人的意识中，人老簪花是风流的人生态度："人老簪花却自然，花红就不厌华颠。人间无此风流样，何止源流二百年。"（苏泂《见三山翁插山茶花一朵》）"白发簪花"代表了永不妥协的反抗精神，看似惊世骇俗及时行乐的行为寄寓了一生忧愤之意，这是一个理想主义者的精神挽歌。黄庭坚的绝笔词，也借"白发簪花"的形象表达了"万事皆休"的旷达。这是黄庭坚对自己一生的回顾与总结，也是饱经忧患浮沉的诗人最终选择的生命态度：

> 诸将说封侯，短笛长歌独倚楼。万事尽随风雨去，休休。戏马台南金络头。催酒莫迟留，酒味今秋似去秋。花向老人头上笑，羞羞。白发簪花不解愁（黄庭坚《南乡子·重阳日宣州城楼宴集即席作》）。

功名事业皆成泡影，但诗人的内心操守与性情是不可改变的，诗人进入了超凡脱俗的境界。"白发簪花"的审美意义被后世接受。明朝嘉靖十七年，著名文学家杨慎，制造了一起具有轰动效应的簪花事件。杨慎时年五十一岁，醉酒之后梳双髻插花，脸上涂满脂粉，招摇过市。杨慎簪花事件在当时和后世都引起了强烈反响。《明史窃·杨慎传》、李贽的《续藏书·文学名臣修撰杨公传》、清朝王照的《升庵先生祠堂记》都提及了此事。撇开杨慎"以脂粉涂面""门生舁舆""诸妓捧觞"的怪诞行为不谈，单就"白发簪花"的审美意义而论，从宋代文人那里就已经开始了。此时杨慎被贬谪，他是借簪花排遣心中的苦闷。"白发簪花"寄寓了文人自由不羁、疏狂放达的情怀。

综上所述，文人簪花的行为实则是他们寄寓人生、表达情感的一种方式。簪花能够反映出个体生命不同时期的价值观念。宋代文人簪花是普遍现象，文人们借簪花这一生活中的行为习惯来表达心声。白发簪花既是当时文人风流的自我标榜，同时又是文人们构建起来的意象，这个审美意象传达的意蕴为后世所接受。

第二章　花与生命的内在养护

南宋一个寻常的早春，冰雪未消春寒料峭，几株寒梅映雪而放，诗人杨万里默默欣赏雪中的梅花。眼前的景色让他心头一动，如何才能将这美好的感觉延续下去？他摘下梅花的花瓣试着将其浸入冰冷澄澈的雪水当中。梅花有疏肝和胃的作用，但是味道略酸，那就再加入些蜂蜜。腌渍一夜之后，清甜可口，梅香扑鼻。诗人对自己的"尝试"颇为得意，特意赋诗一首："瓷澄雪水酿春寒，蜜点梅花带露餐。句里略无烟火气，更教谁上少陵坛。"（杨万里《蜜渍梅花》）谁说"柴米油盐酱醋茶"不如"琴棋书画诗酒花"来的浪漫诗意？生活的诗意不仅可以用眼睛与耳朵去捕捉，还要用舌尖去品尝。这道美味的甜品被林洪记录在《山家清供》里，得到的评价是"较之扫雪烹茶，风味不相上下"，也就是说"食花"在时人眼中与"扫雪烹茶"一样都是风雅之举。

在宋代食花是普遍的社会现象。宋代最具代表性的饮食文化著作《山家清供》里面记录了数十种花馔。这类以花果为主要原料的"食品"以前大多见于本草类的医书中，很少被列入食谱。宋代出现了这种变化说明宋人食花不单着眼于食疗保健功能，而是将其纳入日常饮食之中。《山家清供》作者林洪，字龙发，号可山。生于福建泉州，生卒年不详，一说为北宋林逋七世孙。我们只知道他生活于南宋中后期，在江淮地区游历，与江浙士人交游广泛。林洪能诗会画、多才多艺，他对生活和艺术有自己独特的体悟，有《山家清供》《山家清事》《西湖衣钵集》《文房图赞》等著作传世。林洪虽为文人却精通饮食之道。《山家清供》一书对花馔的记述十分详细，花馔包括菜、羹、汤、饼、饭、粥、甜品、饮料等，对食材的选择和烹饪方法都有详细的介绍。

第一节　食花雅尚

一　宋代花馔的兴盛背景

宋代高度发达的饮食文化是花馔兴盛的基础。"民以食为天"，食物首先要满足人的生存需要，才能谈到审美诉求。宋人热爱美食，饮食业十分兴旺，"集四海之珍奇，皆归市易；会寰区之异味，悉在庖厨"①。宋代取消了宵禁制度，这也是不同于唐代之处。饮食场所营业到深夜，街道上酒楼、茶馆鳞次栉比，每到夜晚灯火辉煌。《东京梦华录》这样描述："大抵诸酒肆瓦市，不以风雨寒暑，白昼通夜，骈阗如此。"② 可见，宋人于饮食方面的需求旺盛，酒店营业至深夜，店面相连规模盛大，其景象与现在的商业街类似。东京汴梁城的知名酒店有七十二家之多，规模小的店铺不计其数，白矾楼、仁和店、姜店、宜城楼等都久负盛名。到了南宋，社会尚食之风有增无减。北人南迁，原有的饮食风俗也随之南下，促进了饮食文化融合，"南渡以来，几二百余年，则水土既惯，饮食混淆，无南北之分矣"③。杭州本就是南方最大的城市，餐饮业发达，食不厌精脍不厌细，连深宫之中的皇帝也偏爱民间美食，再加上南宋社会怀念故国的昔日繁荣，饮食行业刻意效仿东京气象。据吴自牧《梦粱录》记载："杭城风俗，凡百货卖饮食之人，多是装饰车盖担儿，盘盒器皿新洁精巧，以炫耀人耳目，盖效学汴京气象，及因高宗南渡后，常宣唤买市，所以不敢苟简，食味亦不敢草率也。"④

---

① （宋）孟元老：《东京梦华录笺注》，伊永文笺注，中华书局 2006 年版，第 1 页。
② （宋）孟元老：《东京梦华录笺注》，伊永文笺注，中华书局 2006 年版，第 176 页。
③ （宋）吴自牧：《梦粱录》，杭州人民出版社 1980 年版，第 145—146 页。
④ （宋）吴自牧：《梦粱录》，杭州人民出版社 1980 年版，第 161 页。

　　宋代食物种类的丰富与细化为花馔的产生提供了前提条件。罗大经《鹤林玉露》有这样一则故事：士大夫有一妾，原是蔡太师府里包子厨中人，却不会做包子。人们很奇怪，既是包子厨中人，为何不会做包子呢？小妾回答说，自己只是包子厨中专门缕葱丝的人，所以不会做包子。[①]这则小故事固然反映了太师府的骄奢，我们也能从侧面看出宋人对饮食的重视和食物加工的精细。宋代食物品种较前代大大丰富，不同地区、不同风味的饮食都能占据一席之地。饮食业的从业者众多，制造者专营某一种食物。行业的佼佼者以自己的名字为食物命名，打造"品牌效益"。比较知名的有："王楼梅花包子""曹婆肉饼""薛家羊饭""梅家鹅鸭""曹家从食""徐家瓠羹""郑家油饼""王家乳酪""段家熝物""鱼羹宋五嫂""羊肉李七儿""奶房王家""血肚羹宋小巴"，等等。在饮食专业化、精细化的前提下，作为饮食特殊门类的花馔得到大力发展。

　　追求饮食的视觉效果是宋人选择花馔的心理动机。味道是人们对食物的基本要求，宋人更进一步讲究饮食的视觉效果。在宋代出现了"看盘""滴酥""蜜饯雕花"等不为食用，只为观赏的菜肴。这些强调视觉效果的菜肴，与花馔有异曲同工之妙。"看盘"最早在唐代出现，但在宋代形成制度。"看盘"是宋代宫廷御宴上必不可少的亮点。看盘不为食用，只为刺激食欲，往往用香花、水果堆叠出美丽的造型。"滴酥"与"蜜饯雕花"可以食用，也可以作为"看盘"。"蜜饯雕花"是将雕刻花样的瓜果蜜渍，可溯源到晋代。"滴酥"则是用乳酥为"花果鱼虫之属，以为盘饤之华，可用寄远"，[②]宋代的少妇闺秀将能掌握滴酥技艺视为值得夸耀的事情。"花馔"强调食物的造型，"梅花汤饼"是用梅花、檀香浸过的水和面，再把汤饼做成梅花的样子。

　　宋人喜欢素食为花馔的兴盛提供了契机。唐代及以前，史料中鲜

---

①　（宋）罗大经：《鹤林玉露》（丙编卷六），王瑞来点校，中华书局1983年版，第337页。

②　（宋）孟元老：《东京梦华录笺注》，伊永文笺注，中华书局2006年版，第141页。

见以素食为美味的描述。宋代始以素食为鲜美之物，有专门的素食店。宋代栽培技术提高，蔬菜品种丰富，为宋人食素提供了物质保障。到了南宋时，出于地理气候的原因，水果、蔬菜更为充足。宋代出现了"炒"的烹饪技术，不再局限于蒸、煮等食物处理方法。蔬菜制作更适宜用"炒"的方式。宋代人喜欢素食还受到佛教的影响。《鸡肋编》载孙威敏公夫人喜欢吃鱼鲙，必须要亲眼看到活鱼被切割成段，才觉得味道鲜美。有一天梦到装鱼段的容器发着光，有观音菩萨坐在里面。醒来后发现切好的鱼段都在动，于是将其投入水中，终身茹素。这则故事虽然有宗教导人向善的意味，但也能看出佛教观念在宋人饮食生活中发挥着作用。僧侣、居士是花馔的坚决的拥护者，上文提到的"梅花汤饼"就是泉州紫帽山高人首创的。不仅僧侣、道士有食素习惯，士大夫也提倡素食，认为食素可以修身养性。王禹偁《甘菊冷淘》一诗写了厌弃了肉食，想要持斋食素，遂以菊花煮面的情形。不少花馔是以素食为出发点创制的。高宗赵构的皇后不喜杀生，经常以牡丹、梅花入馔：

> 宪圣喜清俭，不嗜杀。每令后苑进生菜，必采牡丹瓣和之。或用微面裹，炸之以酥。又，时收杨花为鞋、袜、褥之用。性恭俭，每至治生菜，必于梅下取落花以杂之，其香犹可知也。①

"食花"代表了俭朴、不靡费的风气导向，这也是宋人极力推崇的。宋人信奉"静以修身，俭以养德"。范仲淹年少求学食粥的故事被视为士人典范。蔡京包子厨中有专门切葱丝者，已足见此其生活奢靡无度，与他的奸臣权相的形象是结合在一起的。士大夫在饮食上要做到克己守礼，罗大经《鹤林玉露》云："真西山论菜云：'百姓不可一日有此色，士大夫不可一日不知此味。'余谓百姓之有此色，正缘士大夫不知此味。若自一命以上至于公卿，皆是咬得菜根之人，则

---

① （宋）林洪：《山家清供》，中华书局 2013 年版，第 188 页。

当必知其职分之所在矣，百姓何愁无饭吃。"① 花馔既能满足人们的审美期待又能满足道德要求，因此在宋代获得极大发展。

二　宋人独特的"食花"观念

中国人食花的传统自古有之，食花的观念也不断在变化。战国时期，虽然没有食花的明确记载，但人们的思想中花已经是可食的对象了。《离骚》里有"朝饮木兰之坠露兮，夕餐秋菊之落英"的诗句。《涉江》一诗中有"登昆仑兮食玉英，吾与天地兮比寿，与日月兮齐光"的吟咏。古人认为花是草木的精华，"餐英饮露"有长寿的功效。食花起初是出于食用疗效，对花的认识也是作为药材而非食材。我国最早的一部药学专著《神农本草经》里面有对合欢、木兰、款冬花、牡丹、兰草、杜若、芍药、菖蒲、菊花等诸多花卉药用价值的研究，说明先秦时期人们是将花当作药材食用的。

在汉代食花主要有两个原因：一是继续着眼于食用功效，甚至附带神秘色彩，食花可以成仙。葛洪《西京杂记》载汉武帝修上林苑，群臣各献名果异树，东郭都尉献蓬莱杏，一株花杂五色，说是仙人食用的。二是食花成为节日习俗，重阳节宫中要饮菊花酒。

唐诗里花入馔的例子已不鲜见，但大多是描写宫廷宴饮，与普通百姓生活无涉。王维《奉和圣制重阳节宰臣及群官上寿应制》："四海方无事，三秋大有年。百生无此日，万寿愿齐天。芍药和金鼎，茱萸插玳筵。无穷菊花节，长奉柏梁篇。"李峤《九日应制得欢字》："令节三秋晚，重阳九日欢。仙杯还泛菊，宝馔且调兰。"两首诗都是应制而作，描写的是重阳节宫廷聚会。除菊花外，芍药、兰花也都是御宴的食材，但在诗里，花馔只是泛泛的描写之物，烘托节日气氛罢了。唐代武则天发明了"花糕"，在花朝节这一天，武则天游御花园，命宫女采摘花瓣与糯米混合，蒸糕以赐群臣。

---

① （宋）罗大经：《鹤林玉露》（甲编卷二），王瑞来点校，中华书局1983年版，第35页。

　　转变的趋势在五代时期露出了苗头，孟蜀时期的兵部尚书李昊，赠送朋友牡丹花的时候还同赠了酥油，供花凋谢之后煎花片食用，为的是"不弃秾艳"。这说明人对食物有了审美的需要，不仅仅是为了满足口腹之欲。后来苏轼说"未忍污泥沙，牛酥煎落蕊"（苏轼《牡丹》），相同的不全是烹饪手法，还有"纪念"美的心情。

　　正是因为承载了"不弃秾艳"的期许，花馔在宋代取得了突飞猛进的发展。花馔不仅要满足人们的生理需要还要满足人们的审美需要。花馔体现了宋人追求精致饮食的观念，饮食成了生活中的艺术，在社会各阶层流行。花馔在国宴上出现。陆游《老学庵笔记》记载了宋国宴请金国使节的菜单："集英殿宴金国人使，九盏：第一肉咸豉，第二爆肉双下角子，第三莲花肉油饼骨头，第四白肉胡饼，第五群仙炙太平毕罗，第六假圆鱼，第七柰花索粉，第八假沙鱼，第九水饭咸豉旋鲊瓜姜；看食：枣禢子、膘饼、白胡饼、馉饼。"① 九道菜中，第三道与第七道都以花入馔。更重要的是花馔不再为宫廷、皇家所独享，而是出现在文人雅士、平民百姓的日常饮食生活中。"山家清供"的意思是山野之家的清淡田蔬，与钟鼎馔玉相对。《山家清供》中的花馔就是文人和普通百姓的日常吃食。《武林旧事》中记载了南宋临安城普通市民的饮食，有"花糕""重阳糕""芙蓉饼""金花饼""椰子酒""沉香水""梅花酒""紫苏饮"等多种与花有关的食物，可见花馔已深入普通民众的生活之中。

三　文人对花馔的推崇

　　宋代文人推崇花馔，歌中吟咏"餐英"的作品较前代大大增多。仅举几首诗为例，陆游《新酿熟小饮二首·其二》云："篱菊犹堪采落英，一尊玉瀣酿初成。今宵要向中庭饮，不展华茵展月明。"陈师道《梅花七绝·其一》云："幽恨清愁几万端，故将巧笑破霜寒。落

---

① （宋）陆游：《老学庵笔记》，见上海古籍出版社编《宋元小说大观》（四册），上海古籍出版社 2007 年版，第 3451 页。

英收拾供骚客，秋菊从来不足餐。"又如赵蕃《梅花十绝句·其七》："雨薄梅花似有情，定应怜我太饥生。不同玉屑和朝露，且效夕餐收落英。"

苏轼的朋友文同出任临川太守，有一天和家人在竹林边煨笋吃晚饭，正好此时收到苏轼的来信。苏轼仿佛未卜先知一般，信中写道："汉川修竹贱如蓬，斤斧何曾赦箨龙？想见清贫馋太守，渭川千亩在胸中。"文同不由得失笑喷饭满案。"成竹在胸"本来是文同传授给苏轼的画竹技巧，苏轼却巧妙地偷换了概念，用到文同喜食竹笋一事中，足见两个好朋友的亲密与默契。苏轼后来深情地把此事写进了悼念文同的文章里。林洪在《山家清供》里介绍了这道菜，提到文同与苏轼的交谊，并且评论道："想作此供也。大凡笋贵甘鲜，不当与肉为友。今俗庖多杂以肉，不才有小人，便坏君子"①，还引用了苏轼的诗"若对此君仍大嚼，世间哪有扬州鹤"（苏轼《於潜僧绿筠轩》）。宋人观念中，饮食喜好也能代表个人风格，食竹是雅的，食肉是俗的。

苏轼的巧妙在于他将艺术创作的概念迁移到饮食习惯上去。实际上宋人已经意识到饮食与艺术某些方面是可以比较的。文人把饮食当作"生活的艺术"，美食是精致生活的重要方面。关注美食是文人富有生活趣味的体现。文人笔记中对饮食的介绍比比皆是，《东京梦华录》《武林旧事》《鸡肋编》《清异录》等作品在写作上都将饮食分列成独立的一部分。宋代文人中间涌现出了很多美食家，苏东坡就是其中之一。以他的名字命名的菜肴非常多，其中虽不乏后人附会。但是这些与美食有关的故事，将苏东坡塑造成了风趣机智、豁达睿智、不以个人得失为意的"生活艺术家"形象。宋人的饮食种类以羊肉为主，猪肉比较便宜。苏轼被贬黄州生活穷困潦倒，只能买得起猪肉，情势所迫他研究了新的烹饪方法，并用乐观、幽默的口吻将研究心得写进笔记中，这就是苏轼发明"东坡肉"的故事。

---

① （宋）林洪：《山家清供》，中华书局 2013 年版，第 46 页。

　　文人对美食的品评如同对艺术鉴赏。据张师正《倦游杂录》记载："韩龙图赞，山东人，乡里食味，好以酱渍瓜啖之，谓之瓜菹。韩为河北都漕，廨宇在大名府中，诸军营多鬻此物，韩尝曰：'某营者最佳，某营者次之。'赵阅道笑曰：'欧阳永叔尝撰《花谱》，蔡君谟亦著《荔枝谱》，今须请韩龙图撰《瓜菹谱》矣。'"① 在以往的经验中，对艺术品的研究会称之为谱，如琴谱、书谱、画谱等。酱菜只是生活中的细小之物，不登大雅之堂，亦无关宏旨。《瓜菹谱》固然是玩笑，但也反映了在宋代文人那里，酱菜与花、水果一样都是可以作为深入研究的对象，等同于"艺术品"。事实上宋代确实有大量的花谱出现。

　　文同与苏轼的故事还有一个暗示：饮食与艺术一样，也有"雅"和"俗"之分。食花被文人视为雅事。杨万里记叙过自己生活中的食花经历，"去年正月，予既得麾临漳，朝士饯予高会于西湖上刘寺。满谷皆梅花，一望无际。绝顶有亭，牓曰锦屏。予独倚一株老梅，摘花嚼之，同舍张监簿，蜀人，名珫，字君玉。笑谓予曰：'韵胜如许，谓非谪仙可乎？'"② 杨万里摘食梅花，被朋友视作"谪仙"。"谪仙"即贬谪到尘世的神仙，有超逸的味道，身处人间却与人世的热闹保持一种疏离感，能够超脱人世普遍追求的名利权情。"食花"代表了山林情怀，与高洁隐逸的人格相联系。食花者具备了"陶渊明""屈原"式的人格，"盈把已供陶令醉，落英分与屈原餐"（谢逸《就陈仲邦乞菊》），"先生万事不挂眼，独向秋丛餐落英。未省折腰营五斗，悬知今日有渊明"（喻良能《题徐子由菊坡园》），"餐英供小酌，嗅蕊伴清吟。会得悠然处，方知靖节心"（黄庚《采菊》）。可见食花作为高雅之事已经是文人的共识。

---

① （宋）张师正：《倦游杂录》，见上海古籍出版社编《宋元笔记小说大观》（第一册），上海古籍出版社 2007 年版，第 728 页。

② （宋）杨万里：《杨万里集笺校》（第二册），辛更儒笺校，中华书局 2007 年版，第 398 页。

四 花在饮食中的妙用

有了上述的基础和观念，宋代花馔在实际制作方面取得的成就也是空前的。具体表现在：一是可以入馔的花的种类增多，不仅常见的菊花可入馔，梅花、牡丹、荷花、栀子花、文官花、百合花、酴醾花、芙蓉花等皆可入馔；二是烹饪手法复杂多变，可蒸、可炸、可煮、可腌渍、可凉拌、可生食；三是鲜花加工成的食物种类丰富多样，有饭、粥、菜、羹、蜜饯、汤、饼、糕点等。

1. 花入馔

宋代笔记中，有不少以花作食材的例子。花可以用作主食中，别具风味。稻米的主要产区是江淮一带，米饭是南方常见的主食。花可以用来焖饭，将紫茎黄色菊花用甘草汤和少许盐焯过，等饭快熟的时候，将菊花投入饭中一起煮。坚持食用，有明目长寿之效，人称"金饭"。宋代小麦是主食之一，取代了唐代粟的地位。尤其是北方地区，人们喜食面食，小麦的需求量很大。宋代有了面粉发酵技术，面食种类繁多，有饼、面、糕点、馒头、包子等。花与面粉混合后，可以制作多种面食。花还可以做馅，"郭进家能作莲花馅饼，有十五隔者，每隔有一枝莲花，作十五色"①。粥也是宋人喜食之物，以花入粥有养生之效，常见的有梅花粥、酴醾粥。杨万里有诗云："才看腊后得春烧，愁见风前作雪飘。脱蕊收将熬粥吃，落英仍好当香烧。"花还可以做糕点，莲花糕、梅花糕、玫瑰花糕，最有名的是"广寒糕"：

> 采桂英，去青蒂，洒以甘草水，和米舂粉，炊作糕。大比岁，士友咸作饼子相馈，取"广寒高甲"之谶。又有采花略蒸，曝干作香者，吟边酒里，以古鼎燃之，尤有清意。童用师禹诗云："胆瓶清气撩诗兴，古鼎余葩晕酒香"，可谓此花之趣也。②

---

① （宋）陶谷：《清异录》，见上海古籍出版社编《宋元笔记小说大观》（第一册），上海古籍出版社 2007 年版，第 123 页。

② （宋）林洪：《山家清供》，中华书局 2013 年版，第 159 页。

图二　白芙蓉图

　　"广寒糕"是取桂花做成的，取"蟾宫折桂"之意，有很好的寓意。因此士人才拿这种点心相互馈赠，传递彼此的祝福。桂花在生活中用途广泛，不仅可以做食物还可以焚香、酿酒。花除做主食外，还可做各式菜肴。有的菜肴即使没用花做食材，也要模仿花的样子，以求造型美观："吴越有一种玲珑牡丹鲊，以鱼叶斗成牡丹状，既熟，出盎中，微红如初开牡丹。"① 有的花馔以颜色取胜：

　　① （宋）陶穀：《清异录》，见上海古籍出版社编《宋元笔记小说大观》（第一册），上海古籍出版社 2007 年版，第 123 页。

采芙蓉花，去心，蒂，汤焯之，同豆腐煮。红白交错，恍如雪霁之霞，名"雪霞羹"。加胡椒、姜，亦可也。①

此羹颜色"红白交错"，得名"雪霞羹"。选取的一定是红色的芙蓉花，才能造成色彩鲜明的视觉效果。"花馔"虽属清供，但制作过程并不简单粗陋，烹制手法非常讲究，可谓色、香、味、形俱全：

将莲花中嫩房去穰截底，剜穰留其孔，以酒、酱、香料加活鳜鱼块实其内，仍以底坐甑内蒸熟。或中外涂以蜜，出碟，用渔夫三鲜供之。三鲜，莲、菊、菱汤瀣也。②

把新鲜的莲蓬去穰，截取下底。将新鲜的鲑鱼块儿混合酒、酱、香料塞入莲蓬孔中。用原来截下的莲蓬底封住底部，保证味道不流失，花的清香还可以丰富食物的味道，放到锅里蒸熟。有时外面还涂上蜂蜜，用"渔夫三鲜"做调味品。所谓"渔夫三鲜"也非常讲究，是用莲、菊、菱调制的汤汁。这样的菜品可说是唇齿留香、色味俱佳。

2. 花入茶

茶在宋代生活中起到非常重要的作用，茶和柴米油盐一样是生活中不可或缺之物。

宋代的"花茶"与今天的花茶大有不同。今天的花茶是以绿茶或乌龙茶为底料，配以茉莉、玫瑰、玉兰、蜡梅等香花，焙制而成的花薰茶。宋代的花茶主要有两种形式，一是以花取代茶叶为原料进行冲泡；二是在冲泡的过程中将香花直接加入茶中来调味。

花可以取代茶叶直接泡饮。梅花、菊苗、荷叶均有此功效。在宋

---

① （宋）林洪：《山家清供》，中华书局 2013 年版，第 144 页。
② （宋）林洪：《山家清供》，中华书局 2013 年版，第 91 页。

人的意识里，花的实用价值与观赏价值并存，饮用花饮品的同时还可以欣赏花的美好姿态。有一道饮品叫“汤绽梅”，饮茶时欣赏梅花在水中绽放的样子：“十月后，用竹刀取欲开梅蕊，上下蘸以蜡，投蜜缶中。夏月，以热汤就盏泡之，花即绽，澄香可爱也。”[①] 除了味道、姿态外，人们也会注意到花茶的功效。苏轼明确提到桃花茶可以促消化、解油腻，“周诗记荼苦，茗饮出近世。初缘厌粱肉，假此雪昏滞。嗟我五亩园，桑麦苦蒙翳。不令寸地闲，更乞茶子艺”（苏轼《问大冶长老乞桃花茶栽东坡》）。可见，在宋人观念里以花入茶不仅涉及口味问题，还关乎养生保健。

花还可以放入茶中起到增香调味的作用。宋代使用点茶法，先将团茶捣开，碾成细末过筛，饮时取之入盏，再用沸水点冲。此时花或者其他香料可以碾成细末，一同加入茶盏之中。将香料香花放入茶中帮助提香的做法很普遍。但到了北宋后期，这种做法受到质疑，因为宋人越发看重茶天然的香气，茶更多地体现朴素、简淡、本真的追求，“以香入茶”的做法逐渐废止了。

我们今天熟悉的花茶是“熏制茶”。宋代虽无明确花茶熏制记载，也能偶见“熏茶”字样，《全芳备祖》里提到（茉莉）“或以熏茶及烹茶尤香”[②]。虽然宋代制作花茶的方法还显得简陋随意，但毕竟是后世花茶的先声。元代以后，花茶采用熏制法，目的是使花香进入茶香中去。花一般不直接入茶。明代有了明确熏茶的记录，将花与茶分层放置密封起来，茶就有了花的香味。熏茶的好处是利用花香去除陈茶味道，帮助茶保持馥郁芳香。

3. 花制酒

花既可以制茶也可以入酒，花酒的时间要比花茶的时间早很多。花酒也有两种制作方式，一是将花朵直接浸泡于酒中；二是以花为原料直接发酵酿造。

---

① （宋）林洪：《山家清供》，中华书局2013年版，第105页。
② （宋）陈景沂：《全芳备祖》，农业出版社1982年版，第697页。

先秦时期，主要是桂花酒，《楚辞》里有"奠桂酒系椒浆"（九歌·东皇太一）、"援北斗兮酌桂浆"的诗句（九歌·东君）。汉代时除桂花酒外，还出现了兰花酒。枚盛《七发》里提到以兰英之酒涤口。这一时期出现了第二类制酒方法，葛洪在《西京杂记》里提到将菊花和粮食混合发酵酿酒的方法。南朝以后，又出现了榴花酒。

宋代除了有唐以来就流行的桂花酒、菊花酒、榴花酒外，酴醾酒也比较常见。黄庭坚有诗曰："肌肤冰雪薰沉水，百草千花莫比芳。露湿何郎试汤饼，日烘荀令炷炉香。风流彻骨成春酒，梦寐宜人入枕囊。输与能诗王主簿，瑶台影里据胡床。"（黄庭坚《观王主簿家酴醾》）酴醾花芳香扑鼻，可入馔、制香、酿酒。朱翼中《酒经》里提到了如何制作酴醾酒和菊花酒。宋代酿酒工艺较前代有了很大进步，酿菊花酒已经采用人工蒸馏的办法，大大缩短了酒的发酵时间。饮酒观念上宋人也有转变。前人认为花酒有除病益寿之效，宋人虽然也考虑到酒的养生功能，但更多看重酒的味道。为了追求更好的口感，《文昌杂录》里记载以樸榼花入酒能使酒味更辛冽。

宋人饮酒还强调风雅，风雅有时是借助花的特性体现的，比如著名的"碧筒酒"：

> 暑月，命客泛舟莲荡中，先以酒入荷叶束之，又包鱼酢它叶内。俟舟回，风薰日炽，酒香鱼熟，各取酒及鲊。真佳适也。坡云："碧筒时作象鼻弯，白酒微带荷心苦。"坡守杭时，想屡作此供用。①

宋人很讲究生活情趣，用荷叶把酒和鱼酢包起来，食物就能够借莲叶的清香增添香味。饮酒方式也富有雅趣，所谓"碧筒酒"就是把

---

① （宋）林洪：《山家清供》，中华书局 2013 年版，第 168 页。

荷叶的柄当做吸管来吸酒。如此不是突出实用性，而是追求情调。这种饮酒的方法流传到民间，每到农历七月荷花盛开，杭州人就到西湖边纳凉饮"碧筒酒"。

其实无论宋人醉心于花馔、花茶还是花酒，实质上都是将日常生活需要推向艺术的境界，提高生命的情趣与质量。恰如钱穆指出的那样："中国历代工商业生产，大体都注意在人生日常需要之衣、食、住、行上。此诸项目发展到一个相当限度时，即转向人生意义较高的目标，即人生之美化。"① 宋人在满足感官享受的同时，利用花的美将实用主义生活法则提升到一个新的层次。在宋人的生活世界里，世俗与优雅是并行不悖的。

当我们面对一种文化传统的时候，无法忽视它的来龙去脉。任何有广泛影响的社会现象都不是无源之水、无本之木，花馔是根植于宋代发达的饮食文化基础之上的，从中可以发现宋人的生活态度与饮食观念。把花馔放在食花文化中考察有助于我们更好地理解它在某个特定时期的特质。在宋代花馔突出了审美功能，发展成为生活中风雅的时尚。它被社会各个阶层接受，成为一种"常食"。花馔是文人阶层艺术化生活的一部分，因此无论是在饮食理念还是在食品制作上都取得了空前的成就。

第二节　"清"的变奏

一　人间有味是清欢

花馔引领了清淡饮食的风尚。《山家清供》不仅是简单的一本食谱，还是一本反映南宋饮食美学思想的著作。我们可以通过林洪的描述，了解宋人的饮食习惯。书中最常见的字样便是"清"，"清汤""清汁""清甜""清香"。"清"指口味的清淡，不油腻，不加入过

---

① 钱穆：《中国历史研究法》，生活·读书·新知三联书店 2001 年版，第 59 页。

多的调味品，强调食物自然的原味。将观赏性花卉加入菜肴，起到去腻增鲜的作用。花馔具备清淡饮食的特点，《山家清供》里介绍过这样两例花馔：

> 旧访刘漫塘宰，留午酌，出此供，清芳，极可爱。询之，乃栀子花也。采大者，以汤灼过，少干，用甘草水和稀面，拖油煎之，名"蒨卜煎"。杜诗云："于身色有用，与道气相和。"今既制之，清和之风备矣。①

"蒨卜煎"以栀子花为原料，乃文人间待客的清供。"于身色有用，与道气相和"是杜甫形容栀子花特点的诗句，说栀子与众不同，人间未多见。将栀子花制成清供，"清和"的特点体现得更明显了。以"清"来形容花馔的例子很多：

> 旧辱赵东岩子岩云瓒夫寄客诗，中款有一诗云："好春虚度三之一，满架酴醿取次开。有客相看无可设，数枝带雨剪将来。"始谓非可食者。一日适灵鹫，访僧苹洲德修，午留粥，甚香美。询之，乃酴醿花也。其法：采花片，用甘草汤焯，候粥熟同煮。又，采木香嫩叶，就元焯，以盐、油拌为菜茹。僧苦嗜吟，宜乎知此味之清切。知岩云之诗不诬也。②

作者起初以为酴醿不能食用，直到有一天在灵鹫寺享用到此馔。花用甘草水焯过后可入粥，木香叶可以做拌菜。这样的饮食是非常清淡的，追求的是食物的原味。"清切"指食物的味道清晰纯粹，不掺杂其他。花馔大多没有复杂的加工，以突出食材自身原有的味道，更贴近事物的本真。这符合清淡饮食的观念，反映了清幽、恬淡的生活

---

① （宋）林洪：《山家清供》，中华书局 2013 年版，第 69—70 页。
② （宋）林洪：《山家清供》，中华书局 2013 年版，第 120 页。

志趣。

宋人倡导清淡的饮食是出于养生的观念，养生是宋人生活中重要的活动。宋人重视养生是因为他们有强烈的贵生思想。从安史之乱开始，唐王朝由盛转衰，社会分化严重，人民生活困苦不堪。五代十国更是硝烟四起，民不聊生，生民如草芥。宋代建国结束了五代十国的动乱，经济生产恢复，百姓安居乐业，在较长的一段时间里，社会繁荣稳定，宋人生命的幸福感大大提升。当时的小说《越娘记》就借经历动乱的女鬼之口表达了这种体会：

> 古诗云："宁作治世犬，莫做乱离人。"复流涕曰："今不知是何代也？"舜俞曰："今乃大宋也。数圣相承，治平日久，封疆万里，天下一家。四民各有业，百官各有职，声教所同，莫知纪极。南逾交趾，北过黑水，西越洮川，东止海外，烟火万里，太平百余年。外户不闭，道不拾遗，游商坐贾，草行露宿，悉无所虑。百姓但饥而食，渴而饮，倦而寝，饮酒食肉，歌咏圣时耳。"妇人曰："今之穷民，胜当时之卿相也。子知幸乎？"①

这段话或有夸张成分，但大体上反映了当时北宋社会政治稳定、物阜民丰的盛世图景。"今之穷民，胜当时之卿相""宁作治世犬，莫作乱世人"是普通百姓生活的内心感受。士人中间普遍流行着"乐活"思想。宋代实行广泛的科举制度，彻底荡除了唐代业已衰落的氏族门阀制度。寒门子弟通过科举考试参政议政，成为帝国权力的执行者和享有者。科举的成功者们有意识地提高自己的生命质量，弥补自己寒窗苦读的辛劳。在相当一部分士人看来，享受奋斗成果本就无可厚非，及时行乐的想法无须讳饰。

受道家思想的影响，宋人的贵生思想中还有"无为"的成分。庄

---

① 关永礼、高烽、曲明光等编：《中国古典小说鉴赏辞典》，中国展望出版社1989年版，第543页。

子曾经讨论过什么是快乐的依据，认为只有"无为"才可能获得至高的快乐，如果以外在功名为快乐的准绳就永远无法获得内心的平静。所谓"至乐无乐，至誉无誉"，最大的快乐就是忘掉快乐，最高的荣誉就是忘掉荣誉，这种"快乐论"被宋人继承。宋人认为生命本身就具有价值，与外在评价无关，不应该以取得的功利成就衡量。难能可贵的是宋代珍视生命的思想不仅能"由己及人"还能够"由人及物"，生命本身就是有价值的，任何生灵都不应肆意践踏，这是对生命的尊重。苏轼曾谈到过自己的转变与心态，"自去年得罪下狱，始意不免，既而得脱，遂自此不复杀一物。……非有所求觊，但以亲经患难，不异鸡鸭之在庖厨，不忍复以口腹之故，使有生之类，受无量怖苦尔，犹恨未能忘味食自死物也"[1]。苏轼身陷图圄，险遭杀身之祸。他不杀生不是为了修来世，而是不想"有生之类"感受到自己切身体会过的对死亡的恐惧。

　　生命既然快乐又美好，那么就要尽可能延伸生命的长度，因此宋人很注意养生。宋人不认为寿命乃是天定，人后天的保养非常重要。较前代进步的是，宋人养生观念比较科学，不像晋、唐那样迷信丹药，而是通过日常生活中的活动来达到养生的目的。在宋人的思想中，规律的作息、合理饮食、建立日常生活中的习惯要比"炼丹"以求长生实际得多。比如大诗人陆游，年少早衰就更注重后天的生命养护，扫地、散步、梳头、洗脚、种花、按摩、气功……都是他的养生方式。

　　宋人食花即养生的具体方式之一。在中国传统文化中，花是植物的精华，最有生命力的一部分。上古先民们认为花与生命之间有神秘的联系。屈原《九歌·云中君》反映了楚地祭神时沐浴兰汤的宗教仪式："浴兰汤兮沐芳，华采衣兮若英。灵连蜷兮既留，烂昭昭兮未央。謇将憺兮寿宫，与日月兮齐光"。到了汉代，人们还认为某些花果有

————————
　　① （宋）苏轼：《书〈南史·卢度传〉》，见李之亮笺注《苏轼文集编年笺注》（九册），巴蜀书社 2011 年版，第 13—14 页。

仙气，可以助人得道成仙。《搜神记》里记载东汉明帝永平年间，剡县刘晨、阮肇两个人结伴去天台山采药，忽逢一片桃林，吃了桃子之后二人身强体健，又遇到两个女郎，在桃花林中做了神仙夫妻。二人思家心切，返家之后发现亲人都已离世，经询问已经是第七世了。原来山中一日，世上千年。因为这个故事，刘晨、阮肇还成了民间桃花花神。魏晋以后，对花的药用价值比较明确。《南方草木状》里面提到过食豆蔻花有破气消痰进酒增倍之效。到了宋代，人们食花不再为了追求长生，花的神秘色彩消退。与前人相比，宋人将花的药用价值应用到日常饮食中，以达到养生的目的。范成大在《菊谱》后记里着意区分了甘菊、黄菊与白菊，三者都可以入药，但甘菊具有可食性。南宋有一道菜叫"菊苗煎"，所用到的甘草、山药、菊苗都有清热之效。

花馔大都口味清淡，宋人认为饮食口味清淡于健康有益。从上面例子中可知酴醾粥和木香菜的做法寡淡，没有什么特殊的佐料。"清"的饮食思想不仅包括食物味道的清淡、纯正，还包括饮食要简单、清俭。宋人认为过多的肉食对养生无益。陆游在诗里明确提到"羔豚昔所美，放斥如远佞"（陆游《小疾自警》）。酷爱美食的苏东坡也对自己提出了"限吃令"："东坡居士自今日以往，不过一爵一肉，有尊客，盛馔则三之，可损不可增"，[①] 认为此举可以"养福""养气""养财"。饮食俭朴不但有利于养生还被视为美德，是文人士大夫严于律己的修身方式。晏殊为相时，每有客至，招呼周到，自己的饮食却十分节省。司马光讲学时，进餐不过一杯、一饭、一面、一肉、一菜而已。《独醒杂志》里有一则故事很有趣：

　　王荆公在相位，子妇之亲萧氏子至京师，因谒公，公约之饭。翌日，萧氏子盛服而往，意谓公必盛馔。日过午，觉饥甚而不敢去。又久之，方命坐，果蔬皆不具，其人已心怪之。酒三

① （宋）苏轼：《东坡志林》，王松龄点校，中华书局1981年版，第12页。

行，初供胡饼两枚，次供彘脔数四，顷即供饭，旁置菜羹而已。萧氏子颇骄纵，不复下箸，惟啖胡饼中间少许，留其四旁。公顾取自食之，其人愧甚而退。人言公在相位，自奉类不过如此。①

故事主要塑造了两个人物，王安石与萧氏子。通过对比，塑造了王安石不在意个人衣食享受的自律形象。我们似乎发现了一个矛盾，宋代一方面有追求饮食精致的一面，食不厌精，脍不厌细；另一方面文人阶层又有意识地超越口腹之欲。饮食的清淡思想一方面出于养生的需要；另一方面体现出超越生物本能的理性与克制。对欲望的克制不仅体现在饮食观念里，更成为人格审美的价值标准。这也与宋代理学"养心寡欲"说有关。

二 欲望的适度表达

陆九渊曾就"欲望"与"心"的关系有过一番宏论：

将以保吾心之良，必有以去吾心之害。何者？吾心之良吾所固有也。吾所固有而不能以自保者，以其有以害之也。有以害之，而不知所以去其害，则良心何自而存哉？故欲良心之存者，莫若去吾心之害。吾心之害既去，则心有不期存而自存者矣。

夫所以害吾心者何也？欲也。欲之多，则心之存者必寡，欲之寡，则心之存者必多。故君子不患夫心之不存，而患夫欲之不寡，欲去则心自存矣。然则所以保吾心之良者，岂不在于去吾心之害乎？②

陆九渊认为欲望过多就会妨碍道德理性，他将道德理性称之为

① （宋）曾敏行：《独醒杂志》（卷二），上海古籍出版社编《宋元笔记小说大观》（第三册），上海古籍出版社 2007 年版，第 3213 页。

② （宋）陆九渊：《陆九渊集》，钟哲点校，中华书局 1980 年版（2012 年重印），第 380 页。

"本心"。人的高贵之处在于本心与生俱来的良善。但是在他看来，过多的欲望会妨碍"本心"，如果能够做到寡欲，高贵的道德理性就会自然存在。"清心"就意味着对欲望的克制。

在中国人的观念里，养心是养生的关键。生命的养护不仅是指对身体的呵护，还包括精神方面的调适。怎么能做到养心呢？最主要的就是"清心寡欲"，以平常心看待生活，物我两忘，自得安乐。嵇康早就指出过："养生有五难：名利不灭，此一难也；喜怒不除，此二难也；声色不去，此三难也；滋味不绝，此四难也；神虚精散，此五难也。"① 宋太宗曾经与大臣苏易简有过一段谈话：

> 太宗问苏易简曰："食品称珍，何者为最？"对曰："食无定味，适口者珍。臣心知虀汁美。"太宗笑问其故。曰："臣，一夕酷寒，拥炉烧酒，痛饮大醉，拥以重衾。忽醒，渴甚。乘月中庭，见残雪中覆有虀盎，不暇呼童，掬雪盥手，满饮数缶。臣此时自谓：上界仙厨，鸾脯凤脂，殆恐不及。屡欲作《冰壶先生传》记其事，未暇也。"太宗笑而然之。②

太宗问了个很有意思的问题，什么东西最好吃呢？按照常规思路，大臣肯定要绞尽脑汁思考什么菜是最珍贵的。苏易简另辟蹊径，回答说适合口味的东西最好吃。雪天中的虀汁能解口渴，就胜过山珍海味。这个答案非常出人意料，虀汁又酸又咸，正常条件下，人们肯定是不会以此为答案的。太宗的这个问题很像古代人的"幸福是什么"。苏易简给出的答案如同"幸福没有固定的标准，适合的才是最好的"。在这个回答里，只有一个想法是明确的，那就是感性欲望的极度放纵肯定不是最好的。

"适"的观念，体现了宋人合理对待欲望的智慧。"饮食男女皆

---

① 转自王贵元、邵淑娟主编《中华养生文献精华注译》，北京广播学院出版社1992年版，第55—56页。

② （宋）林洪：《山家清供》，中华书局2013年版，第15页。

性也，是乌可灭"，① 欲望无法消灭也不容被忽视，就必须在一个合理的尺度下释放。这个尺度就是"适"：食物是人赖以生存的，适当对人身有益，过量则会引发疾病。这与中国古代美学中的中庸思想是一致的。"适"作为衡量尺度几乎可以应用在生活的各个方面。比如对待喝酒，宋代文人持"适度感性"的态度，我们很难见到"呼儿将出换美酒，与尔同销万古愁"的豪气。饮酒最好的状态是微醉，才能感受酒中乐趣。如果过度，不但于身体健康有害，任性纵情还会危害国家。宋人不赞成饮酒任性怪诞、放纵不羁，对此他们总是自觉地和晋人比较：

> 晋人云："酒犹兵也，兵可千日而不用，不可一日而无备；酒可千日而不饮，不可一饮而不醉。"饮流多喜此言。予谓此未为善饮者。饮酒之乐，常在欲醉未醉时，酣畅美适，如在春风和气中，乃为真趣；若一饮径醉，酩酊无所知，则其乐安在邪？东坡《和渊明饮酒诗序》云："吾饮酒至少，尝以把盏为乐，往往颓然坐睡，人见其醉，而吾中了然，盖莫能名其为醉其为醒也。在扬州时，饮酒过午辄罢，客去，解衣盘礴终日，欢不足而适有余，因和渊明饮酒诗，庶几仿佛其不可名者。"东坡虽不能多饮，而深识酒中之妙如此。晋人正以不知其趣，濡首腐胁，颠倒狂迷，反为所累。故东坡诗云："江左风流人，醉中亦求名。"此言真可以砭诸贤之肓也。②

饮酒一度被认为是魏晋风流人物的标志。豪饮成为晋人反抗世界、标榜自己、释放内心的重要手段。显然宋人对此并不认同，他们讥诮晋代"颠倒狂迷"的情感表达方式。人不应该任性放纵自己的感性。饮酒的妙处不在于醉，而在于似醉未醉之间。饮酒之人既要能够

---

① （宋）张载：《张载集》，章锡琛点校，中华书局1978年版，第63页。
② （宋）费衮：《梁溪漫志》，金圆校点：《宋元笔记小说大观》（第三册），上海古籍出版社2007年版，第3399—3400页。

品味酒中之妙，包括能够感受饮酒的氛围，又能够克制自己，在"欢"与"适"之间找一个平衡。这才是真正的身心安乐所在。

三　尚清趣味与生命关怀

以花入馔的风行取决于尚清的审美趣味。"清"不但可以指饮食的清淡，还可以用来指人格的超凡脱俗。"适"为代表的物欲的节制是文人士大夫对待人生的基本态度，它以人性健康发展为前提，与人的生命之美相沟通。它不仅体现在饮食、医学、伦理道德中，还通向"尚清"的人格境界，"清"可以作为人生的终极理想。"清"是"适"的出发点与归宿，"适"是实现"清"的方式。

"清美人格"主要指潇洒飘逸、超凡脱俗、洒脱自然的人格之美。"清"可以形容人的才识品格、容貌举止、气质风度。"清"作为人格理想其源头可以追溯到道家的清静无为。学界普遍认为"清"成为士人阶层的人格追求是从魏晋南北朝开始的。人格审美是"清"从哲学范畴转变为审美范畴的关键。魏晋时期，对清美人格的品评比比皆是。《世说新语》中有这样一个故事：

> 郗太傅在京口，遣门生与王丞相书，求女婿。丞相语郗信："君往东厢，任意选之。"门生归白郗曰："王家诸郎亦皆可嘉，闻来觅婿，咸自矜持，唯有一郎在东床上袒腹卧，如不闻。"郗公云："正此好！"访之，乃是逸少，因嫁女与焉。①

太傅选婿，王家诸郎"咸自矜持"。只有王羲之不为所动东床坦腹，恰恰被太傅选中。魏晋时期，士人以特立独行的方式，标榜坦荡率真，具有反抗精神的人格理想。魏晋之后，"清"的人生态度主要表现在优雅恬淡的生活方式中。生活的艺术化是清美人格的确认依据，或者说在生活用具和日常行为中引入审美维度，成为士人新的生

---

① （南朝）刘义庆：《世说新语》，沈海波评注，中华书局2007年版，第71页。

活理想。《山家清供》中将"食清"与"人清"联系起来：

> 采笋、蕨嫩者，各用汤焯。以酱、香料、油和匀，作馄饨供。向者，江西林谷梅少鲁家，屡作此品。后，坐古香亭下，采芎、菊苗荐茶，对玉茗花，真佳适也。玉茗似茶少异，高约五尺许，今独林氏有之。林乃金石台山房之子，清可想矣。①

宋人不再用极端的方式来表现自己，他们转向另外一种方式——日常行为具备审美底蕴，世俗人生就有了超越性。清雅的人会选择相应风格的饮食。花馔是文人清雅生活的一部分，以花馔为代表的"食清"追求来自于"清"的人生、"清"的心灵。

"清"作为审美范畴不仅可以指人格理想、生活态度，还通向文学艺术。人生与艺术的境界是合一的，"清"的人格必然导致"清"的审美趣味和"清"的艺术追求。徐复观在《中国艺术精神》中明确指出"清"的艺术来自"清"的心灵，"……之所以有上述的成就，是得力于一个'清'字；由心灵之清而把握到自然世界的清，这便形成他作品之清"② 宇宙和自然界是在一定秩序内运行的，也是"清"的，只有"清"的心灵才能把握。这对我们思考"清"与"真"的关系有启发意义。中国艺术发展至宋代是十分推崇"清"的境界的。《宣和画谱》评价关全的画说："（关全）尤喜作秋山寒林，与其村居野渡，幽人逸士，渔市山驿，使其见者悠然如在灞桥风雪中、三峡闻猿时，不复有市朝抗尘走俗之状。"③ 灞桥是当时贬谪离乡之人常要经过的地方，灞桥风雪并非真的风雪，而是漫天飞舞的柳絮，最能引游子和送别之人的离情别绪。这里说关全的画如同让人身处灞桥风雪、三峡猿声之中，是指关全的画给人带来清远出世的感觉。宋代的山水画家们也喜欢画寒林雪景，在清幽无人甚至冷寒的天

① （宋）林洪：《山家清供》，中华书局2013年版，第142页。
② 徐复观：《中国艺术精神》，广西师范大学出版社2007年版，第268页。
③ 王群栗点校：《宣和画谱》，浙江人民美术出版社2012年版，第107页。

地中，心灵得以清明自适。

《山家清供》里会用"清切"形容食物的味道，"清切"有清晰、准确、真切意。菜的原始味道才称得上清切，这里"清"有真实之意。《山家清供》里还通过饮食探讨什么是"真"：

真汤饼

翁瓜圃访凝远居士，话间，命仆："作真汤饼来。"翁曰："天下安有'假汤饼'？"及见，乃沸汤泡油饼，一人一杯耳。翁曰："如此，则汤泡饭，亦得名'真泡饭'乎？"居士曰："稼穑作，苟无胜食气者，则真矣。"①

真汤饼其实是热水泡油饼。汤泡饭是肉汤泡饭。翁老先生问了一个很好的问题，是不是汤泡饭也要叫"真泡饭"？"胜食气"典出《论语·乡党》，"肉虽多，不使胜食气"，意为吃饭时肉食不过多。凝远居士的意思是与肉食相比，清淡的饮食更"真"。究竟什么是真呢？这里的"真"可以理解为"道"。"道"的特征即"清"和"淡"，"道之出口，淡乎其无味"（《老子·第三十五章》），"天得一以清，地得一以宁，神得一以灵"（《老子·第三十九章》），"游心于淡，合气于漠"（《庄子·应帝王》），"淡而静乎，漠而清乎"（《庄子·知北游》）。"道"无关乎形式，所以无味的热水泡饼更接近"道"。《山家清供》还有则故事更有趣，离开了具体食物探讨"真味"，"道"的意味更加明显：

银丝供

张约斋镃，性喜延山林湖海之士。一日午酌，数杯后，命左右作银丝供，且戒之曰："调和教好，又要有真味。"众客谓："必脍也。"良久，出琴一张，请琴师弹《离骚》一曲。众始知

---

① （宋）林洪：《山家清供》，中华书局2013年版，第83页。

银丝乃琴弦也；调和教好，调弦也；又要有真味，盖取陶潜"琴书中有真味"之意也。张，中兴勋家也，而能知此真味，贤矣哉![1]

张镃是当时知名文士，近乎今天的社会活动家，在他身边聚集了一批文人，他的言行举止可谓引领了当时文人生活的潮流。老子说"大音希声，大象无形"（老子《第四十一章》）。陶潜的琴只求琴意不求琴音，据说是无弦琴。《宋书·陶潜传》记载说："潜不解音声，而畜素琴一张，无弦，每有酒适，辄抚弄以寄其意。"[2] 陶潜本来不善弹琴，抚琴是为了抒发蓄积在心中的况味。张镃宴请山林隐士，要上一道有"真味"的菜，竟然是要弹琴。一方面借陶潜无弦琴的雅意；另一方面也体现了饮食要和琴声一样，超越生理快感进入审美境界，才是真味。

在中国人对世界的认识里，"清"代表了"道"的和谐、有序。"道"是由阴阳二气构成的，"一阴一阳谓之道"（《周易·系辞传上》），阴阳二气的变化运动构成了万千现象。"天行有常"，阴阳的运动变化遵循自身的秩序，不是杂乱无章的。"清"的心灵才能适应"道"、顺应"道"、"自适其适"，达成生命的圆满。人类本身就是宇宙生命的一部分，"天道"和谐有序，其法则应被仿效。与"天清""人清"相顺应的就是"艺清"，以"清"为审美趣味的艺术一方面能够体道；另一方面能直抵人的心灵。天道、人生、艺术在"清"的维度下三者是同一的。

宋代的艺术是尚清的艺术。诗词以清空、平淡为美。苏轼《书黄子思诗集后》说："李杜之后，诗人继作，虽间有远韵，而才不逮意。独韦应物、柳宗元发纤秾于简古，寄至味于澹泊，非余子所及也。"[3]

① （宋）林洪：《山家清供》，中华书局 2013 年版，第 66 页。

② （梁）沈约：《宋书·陶潜传》（八册），中华书局 1974 年版（2008 年重印），第 2288 页。

③ （宋）苏轼：《书黄子思诗集后》，见李之亮笺注《苏轼文集编年笺注》（九册），巴蜀书社 2011 年版，第 286 页。

张炎《词源》卷下论"清空"云:"词要清空,不要质实。清空则古雅峭拔,质实则凝涩晦昧。姜白石词如野云孤飞,去留无迹。吴梦窗词如七宝楼台,眩人眼目,碎拆下来,不成片段。此清空质实之说。"①宋代的陶瓷摒弃了唐代绚丽的色彩,偏爱天青、月白等素雅洁净的颜色。山水画中墨取代丹青成为主要的表达手段。"清"不代表枯竭寡淡,宋人恰恰要用平淡来体现生命的丰腴。

是否拥有清雅的生活品位关系到文人的自我认同。《曲洧旧闻》中"宋子京修唐书大雪与诸姬拥炉"的故事为人熟知:

> 宋子京修唐书,尝一日,逢大雪,添帘幕,燃椽烛一,秉烛二,左右炽炭两巨炉,诸姬环侍。方磨墨濡毫,以澄心堂纸草某人传,未成,顾诸姬曰:"汝辈俱曾在人家,曾见主人如此否?可谓清矣。"皆曰:"实无有也。"其间一人来自宗子家,子京曰:"汝太尉遇此天气,亦复何如?"对曰:"只是拥炉命歌舞,间以杂剧,引满大醉而已,如何比得内翰?"子京点头,曰:"也自不恶。"乃搁笔掩卷起,索酒饮之,几达晨。明日,对宾客自言其事。后每燕集,屡举以为笑。②

宋祁雪夜修史,环境布置得颇有情调,所用文具也极精良,"澄心堂纸"是南唐后主李煜的御用纸,品质优良,存世极少,徐熙作画即用此纸。宋祁着意将自己的清趣与人对比一番,得到肯定的答复后似乎还不满意,刻意"搁笔掩卷起,索酒饮之,几达晨"。从第二天宋祁与宾客"自言此事",之后每次聚会就要以此为谈资来看,宋祁对此事是颇为得意的。其实宋祁的彻夜饮酒,随后的宴饮宾客与"宗子家""拥炉命歌舞,间以杂剧,饮满大醉"并无区别。他感到自得的恰恰是即使同样的行为自己做来也是文人雅趣,

---

① (宋)张炎:《词源注》,夏承焘校注,人民文学出版社1963年版,第16页。
② (宋)朱弁:《曲洧旧闻》,孔凡礼点校,中华书局2002年版,第170页。

如同孔乙己认为窃书不同于偷书一般。我们看到的是文人的精英意识，是文人士大夫对自己拥有的生活品位的自信，更进一步地是对文化权力的炫耀。

"清"发展到成熟的阶段也会显现出劣势。文学艺术中，过于追求清寒的境界就会缺乏生活内容，致使题材狭窄。这样的作品在宋代称为"蔬笋气"。在当时的文论中，能看到不少对"蔬笋气"的评价。苏轼《赠诗僧道通》云："语带烟霞从古少，气含蔬笋到公无。"①"蔬笋气"绝不是诗之上品，乃是"刻意为之"的结果，所获评价不高。刘克庄《晚觉闲稿》中批评了当时诗坛过分雕琢、轻浮俗艳的风气，有"寒简刻削之态"②。

生活中一味追求"清"，就会失去生活的热情。《山家清供》中有一道"石子羹"就有本末倒置之嫌：

　　溪流清处取白小石子，或带藓衣者一二十枚，汲泉煮之，味甘于螺，隐然有泉石之气。此法得之吴季高，且曰："固非通霄煮食之石，然其意则甚清矣。"③

清淡的饮食及其生活情趣本来是为了给生命以身体上与心灵上的双重滋养。如果为了追求所谓清雅而煮石子，生活活动就失去了审美情趣，落入了"意义"的圈套，成了做作与矫情，也失去了生活原本的内容与意义。

"清"并不是对世俗人生、日常生活的否定，而是超越。"它在'物质—欲望的生活'与'社会—伦理的生活'的基础上，为日常生活的意义装置引入了'审美—精神'的内涵，并把这种'审美—精神

① （宋）苏轼：《赠诗僧道通》，见李之亮笺注《苏轼文集编年笺注》（十一册），巴蜀书社 2011 年版，第 472 页。
② （宋）刘克庄：《后村先生大全集》（五册九十七卷），王蓉贵、向以群校点，四川大学出版社 2008 年版，第 2498 页。
③ （宋）林洪：《山家清供》，中华书局 2013 年版，第 111 页。

的生活',标举为人生的至乐、生活的真谛。同时,这种'审美—精神的生活'的要义,并不在于毫无节制地释放欲望、营求外在功利,而是主张在日常生活之内,对常行日用所具有的审美和精神品质进行纵深的开掘和体验。"① 宋人食花的意义恰恰在于此。花馔将审美性的体验引入了人最基本的生命需要层次,完成了对生命的双重养护。花馔具备"清"的审美品质,与宋人的生活理想、人格追求、艺术标准是同源的。

---

① 赵强:《说"清福":关于晚明士人生活美学的考察》,《清华大学学报》(哲学社会科学版)2014 年第 4 期。

第三章　花与宋代文人交游

　　宋代社会文士交往频繁，"举世重交游"是两朝宰相名臣范质对当时社会风气的总结。书法家米芾写给贺铸的书札里甚至说自己终日接待客人都没有闲暇时间。中唐以降，中国社会发生了某些深刻的变化，不仅体现在政治、文化、经济领域，更根本，也更隐蔽的是关乎人自身认识的变化并以自身需要为辐射形成了新型的社会关系。"举世重交游"正是这种需要的形式表达。

　　宋代并未实行抑商政策，工商业十分发达。改变了唐代单独设立集市的方式，宋代的"坊""市"不再分离，居民区和商业区并不处于隔离状态。宵禁制度取消，夜晚允许娱乐场所营业，宋人的夜生活是十分丰富多彩的。城市快速发展，城镇人口增加，日益庞大的市民阶层渴望更丰富的物质精神生活。在农村土地兼并始终没有得到抑制，农民失去土地成为租赁者，或者选择涌向城市成为手工业者，间接减轻了土地对农民活动的束缚；军队方面，兵役实行募兵制，百姓可以根据自身情况选择是否服留在军队服役；为了汲取藩镇割据导致唐王朝灭亡的教训，宋代官员调动频繁，地方官员往往在多地上任。这些都造成了宋代社会人口流动性增强。在人口流动性强的社会里，各行各业都需要交游结社，形成一种相对稳定和安全的关系。宋代结社之风盛行："文士有西湖诗社，此乃行都缙绅之士及四方流寓儒人，寄兴适情赋咏，脍炙人口，流传四方，非其他社集之比。武士有射弓踏弩社，皆能攀弓射弩，武艺精熟，射放娴习，方可入此社耳。更有蹴鞠、打球、射水弩社，则非仕宦者为之，盖一等富室郎君，风流子弟，与闲人所习也。"①

　　柳诒徵评价宋代政治曾说："盖宋之政治，士大夫之政治也。政治之纯出于士大夫之手者，惟宋为然。"② 宋代社会的政治主体是庶族地主。文人通过科举考试行使政治权力，不再强调血缘和姓氏。门阀氏族的力量自武则天时期已经大大削弱了。宋太祖出身军人家庭，官至殿前都点检。后又发动陈桥兵变获取政权，一步步走向权力顶峰。宋代建国不久，统治者通过"杯酒释兵权"一系列活动削弱领兵将领的权力，加强中央集权。因此宋代一直奉行重文轻武的国策。对于文人来说，他们是科举考试的受益者，他们的权力不能世袭，也不能形成以血缘为纽带的利益集团。因此，师生、同乡、同僚、同窗、同年等社会关系对于文人士子来说尤为重要，文人士大夫也以此为依托形成了各种不同的交际圈子。考察宋代文士的交游活动对了解整个宋代的社会关系都是有所助益的。

　　宋代科举考试的规模高于以往历朝，文人的数量也是大大增多。再加上宋代处于中国传统文化的高峰，在思想上儒释道三者合流，儒学有了新的发展，树立了学人士子"以天下为己任"的政治情怀。宋代书院盛行，活字印刷推动了书籍的传播……这些都造成了文人阶层的素质普遍较高，具备很好的文化艺术修养。

　　与前朝相比，宋代的文人交游活动有一些新的特点。第一，从内容上看，交游活动非常丰富，形式多种多样，宴饮、斗茶、弈棋、赏花、作画、吟诗，乃至游山玩水……第二，文士交游的对象广泛，天潢贵胄、平民百姓、同僚师友、隐士僧道，皆可成为新知故旧。第三，从性质上看，交游活动突出了文人士大夫的文化品位。宋代文士追求的不是物质方面的奢华，也非感官欲望的满足，更看重的是具有文化品位的精神交流。正如赵希鹄《洞天清录集》所描述的那样：

<hr />

　　① （宋）吴自牧：《梦粱录》，杭州人民出版社1980年版，第181页。
　　② 柳诒徵：《中国文化史》，上海三联书店2007年版，第521页。

殊不知吾辈自有乐地。悦目初不在色，盈耳初不在声。尝见前辈诸先生多蓄法书、名画、古琴、旧砚，良以是也。明窗净几，罗列布置，篆香居中，佳客玉立相映。时取古文妙迹以观鸟篆蜗书、奇峰远水，摩挲钟鼎，亲见商周瑞研岩泉，焦桐鸣佩，不知身居人世，所谓受用佳福，孰有逾此者乎？是境也，阆苑瑶池未必是过。①

文人的交游娱乐，不在声色，而在富有文化气息的精神享受。考察宋代文士的社会交往不难发现花是一条重要的线索。花从物质领域到精神领域全面进入文人的交际生活。作为物质的花可观、可赏、可用、可玩，作为艺术对象的花可咏、可绘。文人之间以花为礼物馈赠往来，花是文人交流感情传递心声的媒介。花作为重要题材进入文学绘画领域增进了文人之间的精神交流。文人为传达独特的审美感受和意念，将花塑造成雅文化的代表，体现了宋代士大夫文化的性质与特色。宋代文人的交游活动同花结下了不解之缘，可以说，花为洞穿宋代文士之间的社会关系、人事往来提供了一个具体的窗口。这种现象透露出以下的信息：花在宋代文人士大夫的交际风尚、情感呈现乃至整体性的日常生活中，都占据着不容忽视的重要地位，真切而直接地在文人的交际活动中施加着"活泼泼"的影响。

第一节　以花为馈：宋代文人的交际风尚

送花这种交际行为古已有之，传统文化史上，以花为媒介的人事交际并不鲜见。《诗经》里说"维士与女，伊其相谑，赠之以芍药"（《郑风·溱洧》）。《楚辞》里有"采芳洲兮杜若，将以遗兮下女"的诗句（《九歌·湘君》）。战国时期，越王遣使臣赠花与梁王。三国时期的陆凯赠给远方的好友一枝梅，并称"江南无所

---

① 　（宋）赵希鹄：《洞天清录集》，《丛书集成》本，商务印书馆 1939 年版，第 1 页。

有，聊赠一枝春"（陆凯《赠范晔诗》）。《古诗十九首》里说"涉江采芙蓉，兰泽多芳草。采之欲遗谁？所思在远道"，采花为了赠给远方的心上人。

图三　牡丹图

到了宋代，文人士大夫普遍以花为礼物传情达意。宋仁宗嘉祐三年（1058）春，五十二岁的欧阳修在开封，刚刚从"怨读纷纭"的"太学体"风波中脱身而出，内心余悸尚存——所谓"太学体"，是指北宋天圣、景祐年间兴起，流行于庆历至嘉祐年间的一个古文流派，其始作俑者为石介、孙复、胡瑗等"三先生"，他们主张"复古道""兴隆礼乐"，为文好高务奇，"求深者或至于迂，务奇者怪僻而不可读"①。这种深涩怪僻的文风，引起文坛宗主欧阳修的极大反感，所以他在嘉祐二年"权知贡举"时，下决心在科考中力除其弊。这次科考中"太学体"受到了严厉清算，以追其冷僻险怪文风而闻名的学子都遭到罢黜。这也引发了巨大的风波，据说当日不仅物议纷纷，欧阳修的人身安全还受到了严重威胁。所以，他此刻的内心并不宁静。在给友人的一封书信中，欧阳修写道：

> 某昨被差入省，便知不静。缘累举科场极弊，既痛革之，而上位不主，权贵人家与浮薄子弟多在京师，易为摇动，一旦喧然，初不能遏……②

书信中隐约流露出孤军奋战、缺乏援手的烦恼。其实，对于"太学体"的流弊，开明之士大都了然于胸，但多数人在这场风波中选择了缄默不语，或是以其他方式表达对欧阳修的支持。远在五百里之外西京洛阳的观文殿学士王举正，就特地差人送来了一簇盛放的洛阳牡丹。这是欧阳修一生的挚爱，他在回赠王举正的诗中写道："京师轻薄儿，意气多豪侠。争夸朱颜事年少，肯慰白发将花插？尚书好事与俗殊，怜我霜毛苦萧飒。"诗的结尾，还写道："而今得酒复何为，爱花绕之空百匝。心衰力懒难勉强，与昔一何殊勇怯"（欧阳修《谢观文王尚书惠西京牡丹》）。其借咏花所寄寓的人情冷暖、世态炎凉的感悟，与身陷政治风波的疲惫、厌倦等，殊堪玩味——欧阳修自诩"曾是洛阳花下客"，他的一生写下了诸多的咏花、咏牡丹的诗词；他在官场失意、人生途穷时，也多借花木遣怀；他是如此地喜好牡丹，以至于身陷政治风波时，友人也选择赠送牡丹，作为表达慰藉和支持的方式。这一人事交际，看似平常，实则有深意在焉：一方面，正如

---

① （宋）苏轼：《谢欧阳内翰书》，见李之亮笺注《苏轼文集编年笺注》（六册），巴蜀书社 2011 年版，第 351 页。

② （宋）欧阳修：《与王懿敏公书三》，见李之亮笺注《欧阳修集编年笺注》（八册），巴蜀书社 2007 年版，第 68 页。

前文所言及的，欧阳修终其一生对牡丹的嗜好有增无减；另一方面，牡丹花在时人心中"劲骨刚心"的形象，也与欧阳修当时的处境颇为相当。关于这些，他们共同的好友梅尧臣后来在《次韵奉和永叔谢王尚书惠牡丹》诗中有清楚的交待，他说自己与欧阳修等"同朋七人"在喜好牡丹花上志趣相投，"不问兴亡事栽插，栽红插绿斗青春"，无奈时移世易，世俗的眼光"独将颜色定高低""旧品既著新品增"——此中无疑暗喻着他们政治和人生际遇的坎坷；然而，令人欣慰的是，"尚书最重欧阳公""从来鉴裁主端正""驰献百葩光浥浥"……正如欧阳修自己所言，花无情而人有情，花在北宋文人士大夫之间的人事来往中，起到了传达情感、友谊乃至特定的政治（立场）信息的媒介作用。

以花为馈的风尚与上流社会的倡导有关，皇帝赐花给大臣，是极高的荣耀。《渑水燕谈录》记载：

> 晁文元公迥在翰林，以文章德行为仁宗所优异，帝以君子长者称之。天禧初，因草诏得对，命坐赐茶，既退，已昏夕，真宗顾左右取烛与学士，中使就御前取烛，执以前导之，出内门，传付从使。后曲燕宜春殿，出牡丹百余盘，千叶者才十余朵，所赐止亲王、宰臣，真宗顾文元及钱文僖，各赐一朵。又尝侍宴，赐禁中名花。故事，惟亲王、宰臣即中使为插花，余皆自戴。上忽顾公，令内侍为戴花，观者荣之。①

君主赐花给大臣，并非寻常举动，包含了"礼"的意义。按礼千叶牡丹只赐亲王宰臣，真宗赐晁文元和钱惟演，又令中使为之簪花，可谓待之以殊礼了。宋代社会是文官社会，文士地位空前提高，在政治上表现活跃。太祖皇帝善待士人，后代君主往往谨遵家法"与士大夫共治天下"，君臣关系是比较融洽的，皇帝甚至会亲自关心大臣的

私生活。诚然在君主专制社会中，"与士大夫共治天下"从某种意义上说是一层温情脉脉的面纱，然而从另外一重意义上讲，恰恰是这层面纱体现出宋代政治生活中文人士大夫与君主之间的关系更精致、更人性化、更有人情味。这种新型关系通过一朵牡丹花呈现出来。皇帝亲自为大臣簪花，是至高无上的荣耀，体现了君臣关系里刻意的经营。这样的例子屡见不鲜，《能改斋漫录》记载："真宗与二公，皆戴牡丹而行。续有旨，令陈（尧叟）尽去所戴者。召近御座，真宗亲取头上一朵为陈簪之，陈跪受拜舞谢。宴罢，二公出。风吹陈花一叶堕地，陈急呼从者拾来，此乃官家所赐，不可弃，置怀袖中。……寇莱公为参政，侍宴，上赐异花。上曰：'寇准年少，正是簪花吃酒时。'众皆荣之。"①

花作为馈赠之物能够成为交际风尚主要源于宋代文人对风雅的追求。宋人追求风雅，馈赠之物大都是花木、团茶、奇石、文房清玩等富有艺术气息的物品。蔡襄为欧阳修的《集古录目序》刻石，欧阳修为表谢意以鼠须栗尾笔、铜绿笔格、大小龙茶、惠山泉等物为润笔，"君谟大笑，以为太清而不俗"。一个月后，有人送给欧阳修一箧清泉香饼，蔡襄听说后打趣说："香饼来迟，使我润笔独无此一种佳物。"② 与其他生活资料相比，文具、茶、香等物实用价值不大，却能够反映出文人生活的样态。文士们要求馈赠之物的风雅是为了标榜授受礼物双方的高洁志趣，"不俗"是当时文士的人格理想和对自己的要求。不俗之人的言论和艺术作品也应该是不俗的，俗气与否甚至成为艺术评价的一个标准，黄庭坚评苏轼的诗词和书法就说无一点俗气。此外还有一重意味，就是文人要经营自己的"朋友圈"，就要考虑到对方的喜好与彼此的身份，照顾对方的心理需要与感受，好的礼物能够传达含蓄、内敛的情意。

花木乃天地之灵气所汇聚，赠花自然是不俗之举。在礼尚往来的

① （宋）吴曾：《能改斋漫录》（卷十三），中华书局1979年版，第395页。
② （宋）欧阳修：《归田录》（卷二），李伟国点校，中华书局1981年版，第27页。

过程中，文人们常以诗词唱和，留下许多脍炙人口的佳作。因为偏爱茉莉"幽独"的气质，杨万里就给好友送过茉莉，"一枝带雨折来归，走送诗人觅好诗"（杨万里《送抹利花与庆长》）。诗人陈师道接受了他人送的花也会写诗相酬。他在诗中这样写道：

> 九十风光次第分，天怜独得殿残春。
>
> 一枝剩欲簪双鬓，未有人间第一人。
>
> 　　　　　　　　　　（陈师道《谢赵生惠芍药》）

　　此诗乃是陈师道中年以后回归乡里而作。赵生具体生平不详，可能是陈师道早年的学生，送了他芍药花。在诗中，陈师道用"九十""次第""天怜""独"等字眼，渲染出芍药在暮春盛放风华绝代的神采。此花虽好，却无人能佩戴。诗的后两句寄托了政治讽喻，直指当时的用人制度和怀才不遇的现实窘境。也许是作者自况，也可能针对赵生有感而发。

　　追求风雅意味着宋人在人事交际中重情、重道而不重物。情可以寄托于物，但又要在物的形式上有所选择、有所超越。苏轼说："君子可以寓意于物，而不可以留意于物。寓意于物，虽微物足以为乐，虽尤物不足以为病；留意于物，虽微物足以为病，虽尤物不足以为乐。"[①] 西昆主将杨忆与宰相王旦交谊笃厚，前者相赠一秤山栗，以表心意。欧阳修和苏轼都接受过属僚、百姓馈赠的花木。

　　花作为礼物的绝佳之处还在于花能够体现个人倾向性，更能凸显送礼之人的周到和双方的默契。宋徽宗建中靖国元年（1101），黄庭坚接连收到好友王充道、刘邦直等人赠送的水仙花。黄庭坚颇为动情，他在诗里将水仙比作凌波微步的倾城美女，又怕自己的鲁莽唐突了佳人，"坐对真成被花恼，出门一笑大江横"（《王充道送水仙花五十枝，欣然会心，为之作咏》），变婉转情思为豪迈气概。这种才思

---

① （宋）苏轼：《宝绘堂记》，见李之亮笺注《苏轼文集编年笺注》（二册），巴蜀书社2011年版，第129页。

图四 水仙图

和情致也获得了很高的评价"扫弃一切、独提精要之语","每每承接处，中亘万里，不相联属，非寻常意计所及。"(《昭昧詹言》)为什么短时期内多位好友不约而同地送他水仙花呢？"非寻常意计"的背后又蕴藏着哪些玄机？这一年对黄庭坚来说不同寻常。徽宗即位之初他满心期待离开谪居之地，可在途中又上表陈词"臣到荆南，即苦痛疽发于背胁，痛毒二十余日，今方少溃，气力虚劣，而以累年脚气，并起艰难，全不勘事。"① 黄庭坚的观望与犹疑并不只是身体不好那么简单，其深层原因是对残酷的党派政治心有余悸。他写下悼念故

① 转自郑永晓《黄庭坚年谱新编》，社会科学文献出版社1997年版，第345页。

友的诗句，不难体味黄庭坚心绪之复杂，唯恐再次陷入党祸。此间种种不便诉之于口，好友送他喜欢的水仙花实则是为他开解心胸，为之遣怀，包含了友人的善意。黄庭坚也颇能体会好友的心意。至于黄庭坚为何喜爱水仙，有一种说法是与一位天资不凡命运不济的少女有关。《墨庄漫录》记载：

> 山谷在荆州时，邻居一女子，娴静妍美，绰有态度，年方笄也。山谷殊叹息之，其家盖间阎小民也。未几，嫁同里，而夫亦庸俗贫下，非其偶也。山谷因和荆南太守马瑊中玉水仙花诗，有云："淤泥解作白莲藕，粪壤能开黄玉花。可惜国香天不管，随缘流落小民家。"盖有感而作。后数年，此女生二子，其父鬻于郡人田氏家。憔悴顿挫，无复固态，然犹有余妍，乃以国香名之。①

不管这则传闻是否真实，黄庭坚喜爱水仙是可以肯定的，正如欧阳修之于牡丹。考虑到个人偏好，花作为礼物更能表达体贴与诚意，双方的默契与情感得以加深。

送花能成为交际风尚还有另外一个原因是在人们的观念中花卉预示着富贵吉祥，是上天赐予的吉兆。夏竦在应制而作的《景灵宫双头牡丹赋》中写道："二花并发者，两宫修德，同膺福祉之象也；双枝合干者，两宫共治，永安宗社之符也。"② 双头牡丹是罕见的自然现象，与两宫共治的政局联系起来，本属附会却很能说明宋人认识天道与人事的思维模式。人能够与天感应，通过"象"认识天道。"天人合一"思想的发明者可以追溯到西汉的董仲舒。他在《春秋繁露·阴阳义》中说"天亦有喜怒之气、哀乐之心，与人相副。以类合之，天

---

① （宋）张邦基：《墨庄漫录》（卷十），孔凡礼点校，中华书局 2002 年版，第 273—274 页。

② （宋）夏竦：《景灵宫双头牡丹赋》，见曾枣庄、刘琳主编《全宋文》（十六册卷三三三），上海辞书出版社 2006 年版，第 265 页。

人一也"①。天与人的相合的基础是天与人本属同类。最早使用"天人合一"概念的，是北宋的张载。他在反对佛教主张天人二本时明确提出"儒家则因明至诚，因诚致明，故天人合一"②。与他同时的程颐认为，天与人本来就是一体的，所以无须说"合"。在他们的认识中，"天"赋予了人仁义、礼智的本性，"天"是人们必须敬事的，也是可以预示吉凶祸福的。带着这样的观念，花在交际行为中承载了期待，因其具有美好的物质形态，人们愿意赋予其生活愿景。有一则"金腰带"的故事很能说明问题：

　　　　维扬芍药甲天下，其间一花若紫袍而中有黄缘者，名"金腰带"。金腰带不偶得之，维扬传一开则为世瑞，且簪是花者位必至宰相，盖数数验。昔韩魏公以枢密副使出维扬，一日，金腰带忽出四蕊，魏公异之，乃宴平生所期望者三人，与共赏焉。时王丞相禹玉为监郡，王丞相介甫同一人俱在幕下，及将宴，而一客以病方谢不敏。及旦日，吕司空晦叔为过客来，魏公尤喜，因留吕司空。合四人者，咸簪金腰带。其后，四人果皆辅相矣。……是后鲁公守维扬，金腰带一枝又出，则鲁公簪之，而鲁公亦位极。未几，叔父文正公亦守维扬，一旦金腰带又出。而维扬人大喜，贺文正公之重望，亟折以献。然花适开未全也，文正公为之怅然，亦簪而赏之焉。久之，文正公独为枢密使，后加使相、检校少保，视宰相恩数。噫，一花之异，有曲折与人合，乃若造物戏人乎？③

　　"金腰带"系维扬芍药，花主体为紫色中间呈黄色带状，与当时达官显贵的服饰类似故而得名。此花难得一见，相传簪此花者可位极

---

　　① （汉）董仲著，（清）凌曙注：《春秋繁露》卷十二，中华书局1975年版，第418页。
　　② （宋）张载：《张载集》，张锡琛点校，中华书局1978年版（2012年重印），第65页。
　　③ （宋）蔡絛：《铁围山丛谈》，冯惠民、沈锡麟点校，中华书局1983年版，第117—118页。

人臣。宋初名臣韩琦出使维扬时，"金腰带"忽出四朵，韩琦宴请平生最为看重的三人，以"金腰带"赠之，四人同簪此花，日后果然都官至宰相。这则颇具巧合意味的故事里，赠花人能够慧眼识人，受花人得到赏识感到光彩与愉悦，文士们借助花促成了一次既有趣又颇富意味的交往活动。

正因为花在人事往来中扮演着重要角色，以花为馈赠之物风靡一时，甚至引发了某些流弊。有的地方出现了以金银制作象生花草变相行贿的陋俗，一度引起朝廷关注，出台了地方官员不得收受金银象生花的规定。为了减轻百姓负担，朝廷规定地方官员上任、离任时，只能接受鲜花，不可以接受百姓送的金银象生花。"日暮汉宫传蜡烛，轻烟散入五侯家"（韩翃《寒食》），尽管朝廷有这样的规定，可向皇宫进献奇花异卉在宋朝已成惯例。洛阳牡丹天下闻名，最好的牡丹都为皇家专供。从洛阳到开封，专人快马护送牡丹花，只需一天一夜的时间，"所进不过姚黄、魏花三数朵，以菜叶实竹笼子，藉覆之，使马上不动摇，以蜡封花蒂，乃数日不落。"① 路途遥远舟车劳顿，还要保持花卉新鲜完整，不禁让人联想到"一骑红尘妃子笑，无人知是荔枝来"（杜牧《过华清宫绝句》）。北宋中期以后，社会风气奢靡，攀比之风日盛。讲排场、重享乐，放纵物欲，以乐害民的例子比比皆是。洛阳、扬州两地每年都作万花会。宴会的场所以花为屏帐，梁栋拱柱上放置盛满鲜花的竹筒，凡视力所及之处皆是鲜花。"万花会"用花千万朵，年年举办，给百姓造成了很大的负担。这种铺张奢靡的风气蔓延开来，对文士交往也产生了影响。天圣年间文士交往"客至未尝不置酒。或三行五行，多不过七行。酒沽于市，果止梨、栗、枣、柿之类，肴止于脯醢、菜羹，器用瓷、漆。当时士大夫家皆然，人不相非也。会数而礼勤，物薄而情厚"②。哲宗、神宗年间，士大夫

① （宋）欧阳修：《洛阳牡丹记》，见李之亮笺注《欧阳修编年笺注》，巴蜀书社2007年版，第378页。

② （宋）司马光：《训俭示康》，见曾枣庄、刘琳主编《全宋文》（五十六册卷一二二三），上海辞书出版社2006年版，第217页。

交往"酒非内法，果肴非远方珍异，食非多品，器皿非满案，不敢会宾友。常数月营聚，然后敢发书。苟或不然，人争非之，以为鄙吝。故不随俗靡者盖鲜矣"①。

当权者的审美活动关乎他人的切身利益。以花为馈的另一弊端是别有用心者进献奇花异卉投君主或长官所好，博得个人政治出路。江淮发运使钟离瑾，"载奇花怪石数十艘，纳禁中及赂权贵"②。张邦基在《陈州牡丹记》中记载了这样一个故事：

> 政和壬辰春，予侍亲在郡。时园户牛氏家忽开一枝，色如鹅雏而淡，其面一尺三四寸，高尺许，柔葩重叠，约千百叶。其本姚黄也，而于葩英之端，有金粉一晕缕之，其心紫蕊，亦金粉缕之。牛氏乃以缕金黄名之，以蘧篨作棚屋园幛，复张青帘护之于门首。遣人约止游人，人输千钱乃得入观，十日间其家数百千，余亦获见之。郡守闻之，欲剪以进于内府。众园户皆言不可，曰："此花之变易者不可为常，他时复来索此品，何以应之？"又欲移其根，亦以此为辞，乃已。明年花开，果如旧品矣。③

故事里的人物形象都很生动。物以稀为贵，牛氏奇花在手，利用人们的爱花心理获取暴利，"人输千钱乃得入观"；郡守大权在握，想以此花媚上牟取个人私利，"欲剪以进于内府""又欲移其根"，其滥用职权、简单粗暴可见一斑；还是花工、园户有见识，进言此花乃变异品种并非常态，若是他年不能复现作为贡品恐弄巧成拙，才打消了郡守进花的念头。

花能够成为雅贿之物，原因在于人的天性中有对美好事物的占有

---

① （宋）司马光：《训俭示康》，见曾枣庄、刘琳主编《全宋文》（五十六册卷一二二三），上海辞书出版社 2006 年版，第 217 页。

② （元）脱脱等：《宋史·刘随传》，见《宋史》（二十六册），中华书局 1977 年版，第 9889 页。

③ （宋）张邦基：《陈州牡丹记》，《丛书集成续编》本（八十三册），新文丰出版社 1988 年版，第 471 页。

欲。审美也能引发人们的狂热，"花开花落二十日，一城之人皆若狂。三代以还文胜质，人心重华不重实"（白居易《牡丹芳》）。唐人甚爱牡丹，纷繁富丽丰腴饱满的牡丹特别符合唐人的审美情趣。自然野生的牡丹本为单瓣，复瓣牡丹需要人工培育，所需成本较高。大唐的兴盛的国势、雄厚的财力也为培育名种牡丹提供了物质条件。人们追捧牡丹的狂热造成劳民伤财的局面，现实主义诗人对此表示忧虑。经常被研究者们提到的是这样一首诗：

《买花》
白居易

帝城春欲暮，喧喧车马度。共道牡丹时，相随买花去。贵贱无常价，酬直看花数。灼灼百朵红，戋戋五束素。上张幄幕庇，旁织笆篱护。水洒复泥封，移来色如故。家家习为俗，人人迷不悟。有一田舍翁，偶来买花处。低头独长叹，此叹无人谕。一丛深色花，十户中人赋。

叹息的"农翁"形象常用来论证白居易作为一个具有儒家思想的文人对花的态度。其实，白居易并非不爱花，谁能拒绝生命里美好的事物呢？尤其是一位浪漫的诗人。从某种意义上说，白居易是真正的爱花之人，他不计较花的品种是否名贵，偏爱山花、野花。他喜爱山石榴（杜鹃花）不仅把花从野外移植到庭院，更是不辞辛劳携花赴任。有诗为证：

小树山榴近砌栽，半含红萼带花来。
争知司马夫人妒？移到庭前便不开。
《戏问山石榴》

忠州州里今日花，庐山山头去时树。
已怜根损斩新栽，还喜花开依旧数。

赤玉何人少琴轸？红缬谁家合罗袴？

但知烂熳恣情开，莫怕南宾桃李妒。

《喜山石榴花开》

白居易并不否认牡丹的美，他反对的是不顾民生的做法。"我愿暂求造化力，减却牡丹妖艳色。少回卿士爱花心。同似吾君忧稼穑"（白居易《牡丹芳》）。在牡丹的狂热中，他察觉到了社会两极分化、普通百姓生计无法保全的危险。当时表达这种忧虑的何止一人，诗人柳浑这样写道："近来无奈牡丹何，数十千钱买一颗。今朝始得分明

图五　梅花绣眼图

见，也共戎葵不校多"（柳浑《牡丹》）。戎葵是乡村最常见的花，一样能带给人美的享受。还有诗人指出牡丹有花无果，缺少实用价值，以千金取之实属不智："牡丹妖艳乱人心，一国如狂不惜金。曷若东园桃与李，果成无语自垂阴"（王睿《牡丹》）。

　　审美需要道德的自省、法律的制约，一旦突破伦理的限制，美的欣赏就会转化为对恶的占有，占有欲无法满足甚至会滋生变态的毁灭心理。沈复在《浮生六记》里提及，有人欲分一盆稀世春兰而不得，竟用热水将花烫死。审美活动不只是静观的问题，帝国权力的拥有者们跳出了道德与伦理的藩篱，自觉不自觉地放纵自己的欲望就会引发政治危机造成社会动荡。宋徽宗时天怒人怨的花石纲就是一例。宋徽宗并无治国才干，却在书画创作、修建宫殿、收藏奢侈品方面表现了浓厚的兴趣。皇帝有此嗜好，自然有人投其所好：

> 时有朱勔者，取浙中珍异花木竹石以进，号曰："花石纲"，专置应奉局于平江，所费动以亿万计，调民搜岩剔薮，幽隐不置，一花一木，曾经黄封，护视稍不谨，则加之以罪。断山輂石，虽江湖不测之渊，力不可致者，百计以出之，至名曰："神运"。舟楫相继，日夜不绝，广济四指挥，尽以充挽士，犹不给。时东南监司、郡守、二广市舶，率有应奉。又有不待旨，但进物至都，计会宦者以献者。大率灵璧、太湖诸石，二浙奇竹异花，登、莱文石，湖、湘文竹，四川佳果异木之属，皆越海度江，凿城郭而至。后上亦知其扰，稍加禁戢，独许朱勔及蔡攸入贡。竭府库之积聚，萃天下之伎艺，凡六载而始成，亦呼为"万岁山"，奇花美木，珍禽异兽，莫不毕集。飞楼杰观，雄伟瑰丽，极于此矣。①

---

　　① （宋）张淏：《艮岳记》，见陈从周、蒋启霆选编、赵厚均注释《园综》，同济大学出版社 2004 年版，第 55 页。

为了迎合主上心意，谋取晋身阶梯，朱勔工作起来可谓"勤勤恳恳"，不惜毁房破屋，致人倾家荡产。花石纲引发了无法消弭的社会矛盾，劳民伤财、民怨沸腾，最终诱发了北宋的灭亡。宋徽宗的玩好收藏以国破家亡客死异乡为代价。以花为馈的交际风尚通过"御上"这一特殊的历史活动其社会效益被极端放大，特权阶层的审美自由与公众群体利益的矛盾激化。对美无度的狂热可能会引发严重的社会问题，有识之士早就先知先觉，但在君主专制的历史条件下问题却不可能从根本上得到解决。

第二节　以花喻人：文人交往中的情感呈现

文人在交往中，倾向用比较含蓄隐晦的方式表达感情。采用诗词的形式，发挥文学的隐喻功能，是比较常见的做法，其中"花"又是诗歌中非常重要的意象。在诗歌中以花喻人，促进情感交流的例子在宋代文士交游中比比皆是。苏轼在词中写道：

> 谁羡人间琢玉郎，天应乞与点酥娘。尽道清歌传皓齿，风起，雪飞炎海变清凉。万里归来颜愈少，微笑，笑时犹带岭梅香。试问岭南应不好，却道，此心安处是吾乡。（苏轼《定风波》）

苏轼在词的序里说："王定国歌儿曰柔奴，姓宇文氏，眉目娟丽，善应对，家世在京师。定国南迁归，余问柔：'广南风土应是不好？'柔对曰：'此心安处，便是吾乡'。"① 这首词因有感于柔奴的品性、节操而作，事实上又不尽然，而是有更多的寓意。王定国即苏轼的好友王巩。元丰二年，苏轼以"乌台诗案"下狱，受株连者二十余人，王诜、王巩等皆以连坐获罪。苏轼对此深感不安，"今定国以余故得罪，贬海上五年，一子死贬所，一子死于家，定国亦病几死。余意其

---

① 邹同庆、王宗堂：《苏轼词编年校注》（中册），中华书局 2002 年版，第 578 页。

怨我甚，不敢以书相闻"①。然而面对坎坷的遭际和恶劣的环境，王巩并没有怨天尤人，身处患难不戚于怀。元丰六年，王巩遇赦北归，气度从容心怀天下，"不以厄穷衰老改其度"②。难怪自视甚高的苏轼也不得不叹服说，"今而后，余之所畏服于定国者，不独其诗也"③。苏轼词中的梅花形象不仅是形容"点酥娘"的，更是赞美"琢玉郎"的。敏感的政治环境下，好友之间不便言说的情意、相互之间的理解与欣赏以及得知对方状况自己内心的宽慰，种种复杂的情感借助花表达出来了。

中国幅员辽阔、各地区气候差异显著，多样化的自然条件决定了花的种类繁多。不同种类的花姿态各异，生长习性各不相同，很容易激发人的感兴，漫长的历史文化流传中形成了自己的象征意义。唐代以前的文学作品，咏树、咏草的较多，花卉出现的较少，因为当时赏花还没有普遍深入到各阶层生活领域。唐代咏花诗词与花文化著述增多，但赏花还属于贵族的审美趣味。宋代以后，花卉进入平民生活，尤其在文人生活中，花是不可缺少之物。宋代出现了很多把花比拟成人的说法，反映出花在宋人心理上的亲近感。曾慥就以花为友，提出"花十友"说。曾慥，字端伯，号至游居士。哲宗时入仕，闲居后种花自娱。所作"花十友"具体内容为："兰为芳友，梅为清友，瑞香为殊友，莲为净友，葡桃为禅友，腊梅为奇友，菊为佳友，桂为仙友，海棠为名友，酴醾为韵友"。④ 与之类似还有黄庭坚的"花十客"说：

      梅花索笑客，桃花销恨客，杏花倚云客，水仙凌波客，芍药

---

① （宋）苏轼：《王定国诗集叙》，见李之亮笺注《苏轼文集编年笺注》（二册），巴蜀书社 2011 年版，第 24 页。

② （宋）苏轼：《王定国诗集叙》，见李之亮笺注《苏轼文集编年笺注》（二册），巴蜀书社 2011 年版，第 25 页。

③ （宋）苏轼：《王定国诗集叙》，见李之亮笺注《苏轼文集编年笺注》（二册），巴蜀书社 2011 年版，第 25 页。

④ 黄永川：《中国插花史研究》，西泠社出版社 2012 年版，第 95 页。

殿春客、莲花禅社客，桂花招隐客，菊花东篱客，兰花幽谷客，酴醿清叙客。①

张敏叔"花十二客"说：

牡丹为赏客、梅花为清客、菊为寿客、瑞香为佳客、丁香为素客、兰为幽客、莲为净客、酴醿为雅客、桂为仙客、蔷薇为野客、茉莉为远客、芍药为近客。②

姚伯声"花三十客"说：

牡丹为贵客、梅为清客、桃为夭客、杏为艳客、莲为净客、桂为岩客、海棠为蜀客、踯躅为山客、梨为淡客、瑞香为闺客、木芙蓉为醉客、菊为寿客、酴醿为才客、腊梅为寒客、琼花为仙客、素馨为韵客、丁香为情客、葵为忠客、含笑为佞客、杨为强客、玫瑰为刺客、月桂为痴客、木槿为时客、石榴为村客、鼓子花为田客、曼陀罗为恶客、孤灯为穷客、棠梨为鬼客、棣萼为俗客、木笔为书客。③

所涉及的花的种类及称谓不尽相同，但以花喻人的审美心理如出一辙。

文人在人事交际之时，喜欢通过花寄寓身世之感，以花喻人或自喻，表明心曲，增进情感交流。景祐三年，欧阳修因支持范仲淹新政，写了震惊天下的《与高司谏书》，被贬为夷陵县令，内心极为苦闷。他的官署中有一株千叶红梨花，无人过问。恰好朱庆基以尚书驾部员外郎知峡州，着人赏花赋诗。欧阳修写下这首著名的《千叶红梨

---

① 黄永川：《中国插花史研究》，西泠社出版社 2012 年版，第 95 页。
② 黄永川：《中国插花史研究》，西泠社出版社 2012 年版，第 96 页。
③ （宋）姚宽：《西溪丛语》，孔凡礼点校，中华书局 1993 年版，第 36 页。

花》：

　　　　红梨千叶爱者谁，白发郎官心好奇。徘徊绕树不忍折，一日
千匝看无时。夷陵寂寞千山里，地远气偏红节异。愁烟苦雾少芳
菲，野卉蛮花斗红紫。可怜此树生此处，高枝绝艳无人顾。春风
吹落复吹开，山鸟飞来自飞去。根盘树老几经春，真赏今才遇使
君。风轻绛雪樽前舞，日暖繁香露下闻。从来奇物产天涯，安得
移根植帝家。犹胜张骞为汉使，辛勤西域徙榴花。

　　千叶红梨花光艳绝伦，却生长在偏远的夷陵无人知晓。俨然是作
者怀才不遇自身境遇的写照。但是作者的情感似乎并未因其自身的际
遇而坠入自伤自悼的谷底，而是借着对红梨花的美丽与价值的揄扬，
传达出一种达观、淡泊的生活观念。后来欧阳修把夷陵县的住所命名
为"至喜堂"，寓意是"是非惟有罪者之可以忘其忧，而凡为吏者，
莫不始来而不乐，既至而后喜也。"[1] 表明自己即使遭受打击也能够
自我开解，转忧为喜。难怪黄庭坚评价此诗时说："观欧阳文忠公在
馆阁时与高司谏书，语气可以折冲万里。谪居夷陵，诗语豪壮不挫，
理应如是"[2]，堪称切中肯綮的评价。
　　"红梨千叶爱者谁，白发郎官心好奇。"白方郎官应该指朱庆基。
诗下原注：峡州署中旧有此花，前无赏者。知郡朱郎中始加栏槛，命
坐客赋之。"白发郎官"作为一个成语，典出汉武帝时期的颜驷。西
汉时期，汉武帝去巡视郎署，见到郎官颜驷头发已经白了，就问他何
时为郎官。颜驷说从文帝起就是郎官了，武帝奇怪他为何迟迟没有升
迁。颜驷答道："文帝好文而臣尚武，景帝好老而臣尚少，陛下好少
而臣已老，所以我至今还是一个郎官。"所以"白发郎官"指到年老
也没有晋升的人。在宋代郎官是中层文官员外郎和郎中的合称。郎官

---

① （宋）欧阳修：《夷陵县至喜堂记》，见李之亮笺注《欧阳修集编年笺注》（三册），巴
蜀书社 2007 年版，第 65 页。
② 洪本健：《欧阳修资料汇编》，中华书局 1995 年版，第 135 页。

本身有几个别称，如尚书郎、南宫郎，员外郎和郎中也各有别名。六部有二十六司，每司的长官、副长官即郎中、员外郎。各司受到的重视也不一样。朱庆基是驾部员外郎，属兵部，掌管车乘、邮驿、舆辇，为士人所不喜。再加上朱庆基是外放官员，并非仕途亨通之人，引发了欧阳修"同是天涯沦落人，相逢何必曾相识"的感慨。"真赏今才遇使君"，二人在共赏红梨花的活动中感情得以加深。

花具有隐喻性，用来记事、传情，在当时已经是一种普遍做法。以花喻人成立的前提是花卉审美的人格化。不同种类的花对应不同的人格类型。"梅令人高，兰令人幽，菊令人野，莲令人淡，春海棠令人艳，牡丹令人豪，蕉与竹令人韵，秋海棠令人媚，松令人逸，桐令人清，柳令人感。"① 相传孔子作猗兰操，以幽谷芗兰寄寓自己生不逢时之感：

> 猗兰操者，孔子所作也。孔子历聘诸侯，诸侯莫能任。自卫反鲁，过隐谷之中。见芗兰独茂。喟然叹曰：夫兰当为王者香。今乃独茂，与众草为伍。譬犹贤者不逢时，与鄙夫为伦也。乃止车援琴鼓之云云。自伤不逢时，托辞于芗兰云。②

《离骚》里抒情主人公以香花芳草为装饰显示自己志向高洁。王逸《楚辞章句》提到离骚常用善鸟香草譬喻忠贞。受到儒家文化的影响，在花卉吟咏中寄予道德期许，是中国花卉文化的一大特色。这一特色主要是在宋代最终形成的。宋代理学兴起文人普遍注重万物的体性，赋予花木各种内涵精神。儒学的复兴随之而来的是文人对儒家理想化人格的推崇，人们把这种人格期待，寄托在花卉审美上，形成了一种审美化的理学表述。"西昆体"主将杨亿用"椒兰"赞美钱若水的品德，形容自己与之交往受益匪浅。《爱莲说》中周敦颐不慕象征

---

① （明）陈继儒等：《小窗幽记》（外二种），罗立刚校注，上海古籍出版社2000年版，第199页。

② 逯钦立：《先秦汉魏晋南北朝诗》，中华书局1983年版，第300—301页。

道家隐士的菊和代表人间富贵者的牡丹，而推崇象征儒家君子形象的莲。莲的自然属性暗合了君子的洁身自好、群而不党的形象，在当时就引起了强烈的共鸣。杨万里有诗云："此花不与千花同，吹香别是濂溪风"（《寄题邹有常爱莲亭》）。再比如郑思肖的《画菊》："花开不并百花丛，独立疏篱趣未穷。宁可枝头抱香死，何曾吹落北风中"，以菊花的独立寒秋和枝头凋零等特性形容自己的南宋遗民心态，流露出不随波逐流的高洁志向。花卉在审美上具备了独立的人格意义之后，又能唤起强烈的审美意识，作为特定审美对象被反复咏叹。梅、兰、竹、菊的君子人格，就是被文人塑造出来的。

宋词中有不少把梅花写入贺寿词的：

> 早春时候，占百花头上，天香芳馥。寥廓寒分和气到，知是花神全毓。独步前林，挽回春色，素节辉冰玉。翛然一笑，便应扫尽粗俗。
>
> 最爱潇洒溪头，孤标凛凛，不与凡华逐。自是玉堂深处客，聊寄疏篱茅屋。已报君王，为调金鼎，直与人间足。更看难老，岁寒长友松竹。
>
> 姚述尧《念奴娇·梅词》

词的作者是姚述尧，字进道，钱塘人，绍兴二十四年进士。词的上阕写梅花迎春而放，占百花之先。下阕由花及人，梅花并非凡品，却甘心生长在竹篱茅舍，比喻梅溪先生不慕荣华富贵的高风亮节。梅有梅实，可为君王调鼎，夸赞寿主有济世之才。梅与松、竹并称"岁寒三友"，松竹又有长寿之意，此等意象用在祝寿词中非常恰切。南宋时，咏梅词被用于祝寿场合并不鲜见。一是由于寒梅傲雪而放隐喻生命力顽强，二是梅被塑造成情操高洁者的形象，三是梅有花有实比拟人有高名实学。咏梅词作为贺寿词，突破了庆寿的狭隘意义，将寿主的德行、才能、气质风度彰显。文人的情感表达运用以花喻人的方式更精致也更有深度了。

　　当花形成了独立的审美意义之后，吟咏特定花木就具有了表现不便言说的政治隐情和特殊心境的作用。在宋代许多诗集里友人之间的诗词酬唱以花为吟咏对象的例子比比皆是。诗词唱酬活动是宋代文人交往的时尚，久而久之成为一种惯例。通过唱和诗词，我们能考察文人心态、文人之间的友谊以及他们的日常生活情趣状态。这些私语还是重大历史事件的回应与折射。

　　崇宁三年（1104），六十岁的黄庭坚写给书画家仲仁一封信，在信中称自己正值忧患之时心情懊恼，恳请仲仁画梅赠给自己，自己则以一首梅花诗相酬。为什么仲仁的梅花能够"洗去烦恼"呢？黄庭坚当时已是书法名家，他亲自书写作为酬劳的诗是哪一首呢？这首诗还被苏轼唱和，被王安石写在了扇子上，可见渊源颇深。事件要回溯到二十四年以前。元丰三年（1080），苏轼惊魂甫定，刚刚从"乌台诗案"中脱身，贬赴黄州。路经湖北麻城县春风岭见到被大风摧残的梅花，不禁回想起自己的惨痛经历，引发凄楚之感。从此梅花就成为诗人表达心底复杂情感的符号，在以后的贬谪道路上，苏轼常常在诗文中写到梅花："去年今日关山路，细雨梅花正断魂"（《正月二十日，往岐亭，郡人潘古郭三人送余于女王城东禅庄院》），"春风岭上淮南村，昔年梅花曾断魂"（《十一月二十六日松风亭下梅花盛开》），等等。可以说凄风苦雨、春寒料峭中的梅花是文人贬谪苦旅中的自喻形象。梅花的傲霜斗雪、不与百花争艳的精神，又暗合文人自我安慰、自我激励的心理。对于苏轼的境遇，秦观是非常关心的，秦观一生追随苏轼。元丰三年（1080）早春，秦观应邀往浮香亭赏梅，写下了著名的《和黄法曹忆建溪梅花》：

　　　　海陵参军不枯槁，醉忆梅花悉绝倒。
　　　　为怜一树傍寒溪，花水多情自相恼。
　　　　清泪班班知有恨，恨春相逢苦不早。
　　　　甘心结子待君来，洗雨梳风为谁好。
　　　　谁云广平心似铁，不惜珠玑与挥扫。

月没参横画角哀，暗香销尽令人老。

天分四时不相待，孤芳转盼同衰草。

要须健步远移归，乱插繁华向晴昊。

　　梅花在秦观的笔下是苦情的象征，也是苏轼及自己的命运写照。这首诗为七言古体诗，共十六句，每四句为一层。寒溪旁的孤树，只能临水照花，多情却徒增烦恼。眼中清泪，是恨春天来的太迟。广平公指的是唐开元年间名相宋璟，写过《梅花赋》。后八句写了人非无情，以及惜梅、爱梅的情怀。他们的好友释道潜也参与了这次唱和，有《次韵少游和子理梅花》一诗。元丰七年十月初，少游与东坡会于镇江。苏轼对秦观的诗给予了高度评价，“西湖处士骨应槁，只有此诗君压倒。东坡先生心已灰，为爱君诗被花恼”（苏轼《和秦太虚梅花》）。苏轼认为秦诗甚至超过了林逋的名句“疏影横斜水清浅，暗香浮动月黄昏”（林逋《山园小梅》），并对释道潜和秦观的诗再次唱和。这些唱和的诗歌在当时就传为佳话，被同时代的人刻石留念。同年苏轼还把秦观的诗推荐给王安石，王安石对秦观其人其诗赞不绝口，还将“月末参横画角哀，暗香消尽令人老”两句自书于纨扇之上。后来也就是这首诗被黄庭坚手书赠予仲仁当作墨梅的酬金。

　　其实苏轼向王安石推荐少游此诗难免有投石问路之意。其一是向王安石推荐秦观其人，荐其入仕；其二是借交际往来消弭二人之间的嫌隙。秦观一直有入仕之心，这一年还上书诗文给扬州太守吕公著希望得到后者的赏识与提拔。苏轼深知其意，在其画像作赞曰：“以为将仕将隐者，皆不知君者也。盖将挈所有而乘所遇，以游于世，而卒返于其乡者乎。”[1] 王安石此时虽已退居金陵，但圣眷不衰，有相当的影响力。苏轼正式向王安石推荐秦观，夸赞他“独其行义修饬，才敏过人。有志于忠义者，其请以身任之。此外博综史传，通晓佛书，讲

---

　　① （宋）苏轼：《秦少游真赞》，见李之亮笺注《苏轼文集编年笺注》（三册），巴蜀书社2011年版，第210页。

集医药，明练法律，若此类，未易以一一数也"①。希望能借助王安石
的力量，使秦观能够有机会施展抱负，可惜王安石虽然欣赏秦观的文
学才华，但局限于朝局的敏感和自身的处境并未对秦观起到提携
之功。

　　元符三年（1100）八月，秦观逝于滕州，建中靖国元年
（1101），苏轼逝世。崇宁二年（1103）岁末，黄庭坚在鄂州观望滞
留之后再次被贬，这次的目的地是广西宜州。路过潭州（长沙）时黄
庭坚与秦观的儿子秦湛、女婿范温见了面，秦、范二人正护送秦观之
丧北归。当时党禁未解，秦观灵柩未获准回乡，只能暂时葬于橘子
洲，黄庭坚感慨万千。这次见面让黄庭坚重温了当年的友谊，再加上
同门已逝，自己前途未知，始终无法平静。崇宁三年（1104），黄庭
坚在衡阳见到了花光仲仁。仲仁拿出了苏轼秦观的诗稿。此时距秦观
创作《和黄法曹忆建溪梅花》已经长达二十四年了，距秦观过世也已
三年了。黄庭坚不胜唏嘘，睹物思人触景生情，写下了这首《花光仲
仁出秦苏诗卷思两国士不可复见开卷绝叹因花光为我作梅数枝及画烟
外远山追少游韵记卷末》：

> 梦蝶真人貌黄槁，篱落逢花须醉倒。
> 雅闻花光能画梅，更乞一枝洗烦恼。
> 扶持爱梅说道理，自许牛头参已早。
> 长眠橘洲风雨寒，今日梅开向谁好。
> 何况东坡成古丘，不复龙蛇看挥扫。
> 我向湖南更岭南，系船来近花光老。
> 叹息斯人不可见，喜我未学霜前草。
> 写尽南枝与北枝，更作千峰倚晴昊。

---

　　①　（宋）苏轼：《与王荆公二首之二》，见李之亮笺注《苏轼文集编年笺注》（六册），巴
蜀书社2011年版，第418页。

　　比较前后三首诗，秦观诗中的梅花是"眼中有泪""心中有恨"的苦情形象，苏轼的梅花是"无意苦争春""倚竹闲静"的幽独形象，黄庭坚的梅花则是"洗却烦恼""也无风雨也无晴"的达观、淡泊形象。从苦情到淡然处之，这是元祐文人经历政治波谲云诡、命运聚散无常之后的人生智慧。这种处世观、人生观的变化是通过对花的形象建构体现的。应该说黄庭坚的从容淡泊、沉静练达受到了苏轼的很大影响。崇宁元年（1102）六月，黄庭坚被任命知太平州，九天后被迅速解职。九月他受到了更严重的政治迫害，作为生者名字被刻上了元祐党人碑。与此同时，黄庭坚将自己武昌的楼阁命名为"松风阁"，并作《松风阁》一诗，以表心无波澜之意。

　　"松风阁"的命名受到了苏轼的启发。苏轼居惠州时常游松风亭，并写下了著名的《记游松风亭》：

　　　　余尝寓居惠州嘉祐寺，纵步松风亭下，足力疲乏，思欲就亭止息。仰望亭宇，尚在木末。意谓如何得到。良久忽曰："此间有甚么歇不得处？"由是心若挂钩之鱼，忽得解脱。若人悟此，虽兵阵相接，鼓声如雷霆，进则死敌，退则死法，当恁么时，也不妨熟歇。①

　　苏轼找到了解脱的办法，大快大恸莫不是人生体验，平静地看待人生的所有体验和情绪，就会得到解脱。这种人生的智慧沉淀之后会在与外界交流中有所体现。前后唱和的几首咏梅诗不仅透露出人物在遭受重大事件时无法言说的情感和心境，还将苏轼、黄庭坚、王安石、秦观等人的交际目的、价值观念的变化悄然揭示出来。

　　以花喻人的思维不仅运用于文士与文士之间的交往，在文人与女性交际活动中，花经常被用来赞美女性。一般来说，在审美心理上，

―――――――――

① （宋）苏轼：《记游松风亭》，见《苏轼文集》（卷七十一），孔凡礼点校，中华书局1986年版，第2271页。

花和女性的形象具有相似性。古人对女性和花在审美上的互通性有自觉清醒的认识，花是女性美最恰当的参照物："花者，美人之小影。美人者，花之真身。若无美人，则花徒虚设耳。然花则常有，而美人不常有。使既有花而复有美人，吾知美人之于花，必且休戚相关、好恶相合"①。翻开词典，绝大多数由花构成的词语都与女性美有关：花容月貌、花枝招展、闭月羞花、如花似玉、貌美如花……还有以具体某种具体的花形容女性的：步步生莲、蕙质兰心、吐气如兰、豆蔻年华……日常生活里我们也常常使用诸如"警花""班花""霸王花"这样与性别指向有关的词语。

欣赏美好的事物是人类的天性。对于人物美的标准从来未曾也不可能统一。人们苦于无法描述女性那富有生命力和变化的美感的时候，花是最好的对应物。花与女性在审美形态上都具有丰富性、多样性的特征。因此在审美感知上，花和女人总是能引起人相似的感受。

中国花文化史上有一著名的文章曰《花九锡》，是较早反映当时人的花卉审美标准的作品。《花九锡》系晚唐诗人罗虬所著。罗虬可谓知花深矣。此外罗虬还创作过组诗《比红儿诗》，除了将历史上、神话中知名的美女与红儿相比外，还直接把红儿与花相较。诗人先后用了五种花入诗。

其三三 比拟荷花

拟将心地学安禅，争奈红儿笑靥圆。

何物把来堪比并，野塘初绽一枝莲。

其三五 比拟火中莲花

雕阴旧俗骋婵娟，有个红儿赛洛川。

常笑世人语诳诞，今朝自见火中莲。

---

① （清）张潮：《花底拾遗小引》，见（清）虫天子编《中国香艳全书》，董乃斌等点校，团结出版社 2005 年版，第 7 页。

图六　出水芙蓉图

其八八　比拟桃花

浅色桃花亚短墙，不因风送也闻香。

凝情尽日君知否？还似红儿淡薄妆。

其九十　比拟花气

宿雨初晴春日长，入帘花气静难忘。

凝情尽日君知否？真似红儿舞袖香。

其九二　比拟梅花

浓艳浓香雪压枝，袅烟和露晓风吹。

红儿被掩妆成后，含笑无人独立时。

虽然以花比喻女性的诗歌俯拾皆是，但如罗虬用多种花卉的姿态、气质来表现一位女性不同角度的风采当不多见。《比拟荷花》前两句表白自己要心无杂念安心学禅，反衬红儿的魅力。红儿的笑脸时时出现在眼前，那灿烂的笑容只有野塘荷花才能与之相比。此首以野塘初绽的莲花比红儿之美，红儿虽为官妓，却能出淤泥而不染。桃花正值春天开放，色彩绚烂，一般写桃花俏丽妖娆的诗居多。《比拟桃花》诗偏偏反其意而行，用浅色的桃花写红儿淡妆之美。《比拟梅花》诗是赞美红儿个性的。诗人借助梅花凌寒独自开放的习性，喻指红儿在重压下，依然能够保持独立的个性与人格。

花与人之间的隐喻不是单向的，而是双向的。不但可以以花喻人，文学中以人状花的例子也比比皆是。

二色桃花诗

邵雍

施朱施粉色俱好，倾国倾城艳不同。

疑是蕊宫双姊妹，一时携手嫁东风。

这首诗中，诗人将两种不同颜色的桃花比作两名相得益彰、倾国倾城的美女，浓淡相宜各有千秋。"一时携手嫁东风"写出了桃花的轻盈之感，也暗指桃花在春天开放、在风中凋零的过程。

1623 年，贝尼尼创作了一组名为《阿波罗与达芙妮》的雕塑。雕塑表现了阿波罗接触到达芙妮，后者变成月桂树的瞬间。两人的身体还处于追逐奔跑的姿态里，矫健轻盈。达芙妮的身体正发生变化，飘扬的长发和伸展的手臂长出树枝、树叶，腿幻化成树干植于大地，光滑柔软的皮肤上覆盖了一层薄薄的树皮。雕塑将变化的瞬间定格，少女的身体与树的枝、干、叶、花结合，让人过目难忘。

女性与花朵组合的意象很常见。格式塔心理学认为，事物的性质是由整体决定的，而不是各个组成部分的简单相加，整体大于各部分的和，它强调事物的整体性。美女加花的意象组合，经过主体知觉活动组织形成新的整体，美女与花之间的张力诱发了新的审美况味。美人折花是常见的"美女加花"模式之一。比如产生于南朝梁代的两首诗：

遥见美人采荷诗

菱茎时绕钏，棹水或沾妆。

不辞红袖湿，唯怜绿荷香。

看美人摘蔷薇诗

新花临曲池，佳丽复相随。

鲜红同映水，轻香共逐吹。

绕架寻多处，窥丛见好枝。

矜新尤恨少，将固复嫌萎。

钗边烂熳插，无处不相宜。

摘花活动刻画的十分传神。美人不顾荷梗刮碰腕上的首饰，也不管水会打湿妆容，因为荷花清香的缘故，穿梭在荷花深处。第二首反映了宫廷贵族女性赏花、折花、簪花的活动。这两首诗都是从外部表现女性的，忽略内心感受的刻画，具有画面感。

诗歌里常见的"醉美人"与"睡美人"形象也是"美人+花"的组合。据《开元天宝遗事》记载：唐明皇登沉香亭，欲召见杨贵妃。贵妃酒醉未醒，醉颜残妆，鬓乱钗横，被宫人搀扶而来，尤生媚态。明皇笑道："岂是妃子醉耶？真海棠睡未足耳。"杨贵妃的微微醉意被形容成未完全开放的海棠花，在读者的想象中形成了美感。

高级的"花+人"的组合当属花妖的形象塑造。"花妖"作为形象序列，也经过了从简单到丰富的过程。晋代的花精传说，大都比较简单，也没有人物性格的塑造。花妖故事在唐传奇中已经有了很大的发展。到了《聊斋志异》花妖形象完全成熟。

宋代女性创作了相当数量的咏花诗，这些诗词反映了宋代女性意识的觉醒。在过去的观念里，认为宋代社会风气保守，妇女社会地位低下。比如女性又恢复使用唐代废除的羃䍠。另外，缠足也是兴起于北宋，普及于南宋的。这种畸形的审美观念对女性造成极大的身心摧残。再加上"饿死事极小，失节事极大"的说法出现，极易形成宋代女性生活境遇悲惨的印象。事实并非如此，宋代女性有一定的经济地位，女性有财产继承权。宋代商业发达，很多女性从事商业活动，不少还创出了自己的品牌。比如宋五嫂鱼羹，在饮食行业中颇有名气，形成了自己的品牌效应，宋高宗赵构曾亲尝她的鱼羹。另外，程朱理学在宋代影响力有限，"失节"也没有达到与"饿死"相提并论的地步。宋代妇女再嫁是普遍存在的现象。女性身心相对自由，士女可以一同出游赏春。宋代注重女性的教育，宋代多才女，孕育出像李清照那样的女文学家。

女性意识的觉醒促进了女性文学的发展。宋代女性文学的确辉煌灿烂，并不逊于唐，也无愧于清。宋代女性作家人数多，从作家成员构成来看，有宫廷后妃、宫女；有女冠、女尼；有妓女如温婉、严蕊；有闺阁诗人，如李清照、魏夫人等。从创作内容看，除女性常见的咏物诗和爱情诗外，还有咏史诗、农事诗。从创作实绩来看，出现了李清照、吴淑姬、朱淑真这样有水平的作家。

花是女性文学中一个重要的意象。以朱淑真为例，她30余首传世诗词中有17首词写到花。她的咏花诗涉及花的种类非常丰富，包括桃、荷、莲、桂花、菊花、海棠花、梅花等。女性咏花文学与男性的不同在于，女性更容易在咏花活动中审视自我、表现自我，借花来慨叹自己的命运。比如朱淑真这首著名的《黄花》：

> 土花能白又能红，晚节犹能爱此工。
> 宁可抱香枝上老，不随黄叶舞秋风。

朱淑真有过真心相爱的恋人，但是父母反对，执意要她嫁与他人。婚后夫妻感情不和，朱淑真返家居住。在这首诗里，她表现了自己对情感的执着和对生活的选择。朱淑真这首诗当时就获得很高的评价，郑思肖的"宁可枝头抱香死，何曾吹落北风中"就受到此诗的影响。

花虽然美丽，但是花期短暂，这极容易使女性诗人联想到自己的青春、爱情与生命，引发她们的同病相怜之感。在花的开谢中，女诗人们普遍感觉到了生命最本真的悲剧感。

临江仙·梅

李清照

庭院深深深几许？云窗雾阁春迟。为谁憔悴损芳姿。夜来清梦好，应是发南枝。玉瘦檀轻无限恨，南楼羌管休吹。浓香吹尽又谁知。暖风迟日也，别到杏花肥。

《临江仙·梅》塑造了"憔悴损芳姿"的梅花形象。深深的庭院阻挡了春的脚步，等到抒情主人公探望梅花的时候，已经是"玉瘦檀轻"了，南楼的羌管不要再吹奏忧伤的乐音了，梅花的香气已经随乐音消散又有谁知道呢。梅花的季节就要过去，灿烂的暖春即将来临，到时候人们关注的是丰满肥美的杏花，谁还会记得梅花呢？这首诗表现了诗人顾影自怜的哀怨，是作者内心不幸福感的折射。

再比如朱淑真的另外一首词：

菩萨蛮·咏梅

湿云不渡溪桥冷，蛾寒初破东风影。溪下水声长，一枝和月香。

人怜花似旧，花不知人瘦。独自倚阑干，夜深花正寒。

梅花给人的感觉是清冷、孤寂。朱淑真这首咏梅词写了自己为情所苦，人与花一样消瘦。"人怜花似旧，花不知人瘦"这是人与花的交流与对比。人唯独能与花互动，恰恰凸显了人的孤独。

《春渚纪闻》里记载了一个苏轼赠诗的故事：

> 先生在黄日，每有燕集，醉墨淋漓，不惜与人。至于营妓供诗，扇书带画，亦时有之。有李琪者，小慧而颇知书札，坡亦每顾之喜，终未尝获公之赐。至公移汝郡，将祖行，酒酣奉觞再拜，取领巾乞书。公顾视久之，令琪磨砚，墨浓取笔大书云："东坡七岁黄州住，何事无言及李琪。"即掷笔袖手，与客笑谈。坐客相谓："语似凡易，又不终篇，何也？"至将彻具，琪复拜请。坡大笑曰："几忘出场。"继书云："恰似西川杜工部，海棠虽好不留诗，"一座击节，尽醉而散。①

文人往往在宴饮之时题字赠诗，苏轼也不例外。除文人之间相互唱答外，席间营妓求诗也是常有之事。求诗的李琪，有着不俗的谈吐和修养"少而惠，颇知书"。细读之下，这则小故事讲述的跌宕起伏颇有情趣。李琪本就和苏轼相识，却从来没有得到过文豪的墨宝。苏轼就要离开黄州了，朋友们为他践行。李琪要抓住这最后的机会，在聚会高潮之时"奉觞再拜，取领巾乞书"。苏轼仔细端详了乞书之人，令其磨墨，写下了平平常常的两句话。"即至笔袖手，与客谈笑"增加了悬念，友人也不理解苏轼的举动。宴会将要结束的时候，李琪又一次拜请，苏轼大笑，一挥而就。"恰似西川杜工部，海棠虽好不留诗"，用了杜甫居蜀地而不吟海棠的掌故。这个故事之所以广泛流传，原因之一在于其生动地描述了文人交游畅饮的局面，歌妓佐欢，文人题诗，求诗的过程实则影响了整个宴会的节奏，苏轼的神来之笔将整个宴会推向了高潮，"一座击节，尽醉而欢"，宾主无不为之感染。原因之二在于文人与女性的交往表现得十分动人。诗人采用了欲扬先抑的手法，好像李琪是个平平常常的姑娘，不然为什么七年时间没有只言片语赞美她呢？苏轼在诗中将李琪比作海棠花是非常确切的。就个

① （宋）何薳：《春渚纪闻》（卷六），张明华点校，中华书局 1997 年版，第 90 页。

人倾向来说，苏轼是很喜欢海棠的，他曾把海棠花比作一个娇羞无限、红唇翠衣的丽人，"朱唇得酒晕生脸，翠袖卷纱红映肉"（苏轼《寓居定惠院之东杂花满山有海棠一株土人不知贵也》）。可见，李琪的确才貌出众。李琪的身份是营妓即地方官妓，苏轼与李琪见面的场合是在酒席宴会上，文士交际宴饮需要歌妓侑酒佐欢，这就给歌妓和文人创造了交流、交往的机会。歌妓向文人乞词、求画是普遍现象。

文士的交游群体除师友同学、同年同僚、方外之人以外，歌妓也不容忽视。考察宋代文学与笔记，文士与歌妓交往的现象非常普遍。歌妓在宋代文人的交际活动中是不能被忽视的力量。

第一，这与统治者的怀柔政策有关。宋太祖"杯酒释兵权"劝慰属下应多置"歌儿舞女"以养天年。宋真宗直接赐宰相"细人"以示恩遇。据《师友谈记》记载：

> 仁皇一日与宰相议政罢，因赐坐，从容语曰："幸兹太平，君臣亦宜以礼自娱乐，卿等各有声乐之奉否？各言有无多寡。"惟宰相王文正公不迩声色，素无后房姬媵。上乃曰"朕赐旦细人二十，卿等分为教之，俟艺成，皆送旦家。"一时君臣相说如此。①

第二，无论北宋还是南宋，士大夫蓄养家妓已然成风。一般官职越大，家妓数量越多。畜妓之风并不是从宋代开始的，白居易家的歌妓"樊素""小蛮"就颇为著名，但在宋代蓄养姬妾成为一种普遍现象。欧阳修家有妙龄歌妓"八九姝"；苏轼"有歌舞妓数人"，韩绛有"家妓十余人"；王黼有家妓十数人；韩琦"家有女乐二十余辈"；张镃有"名妓数十辈"。值得一提的是宋代文士更提倡以尊重、理解的方式对待女性，爱慕与欣赏的成分居多，而非粗鄙的占有欲，这也

---

① （宋）李廌：《师友谈记》，孔凡礼点校，中华书局 2002 年版，第 42 页。

能反映出文人的行为特点。《东轩笔录》里还有这样一则故事："（宋祁）多内宠，后庭曳罗绮者甚众，尝宴于锦江，偶微寒，命取半臂，诸婢各送一枚，凡十余枚皆至。子京视之茫然，恐有厚薄之嫌，竟不敢服，忍冷而归。"①宋祁作为一家之主还能够考虑诸婢的心理感受实属难能可贵，文士对待女性的态度也能反映出社会的文明程度。

　　第三，宋代的官僚队伍以文人为主，他们有较高层次的精神需求，或者是在社交宴饮的场合需歌舞佐欢助兴，或是与歌妓直接进行精神与情感交流。王安石在梦中还给三十年前喜欢的女子作词，并给自己的朋友讲述："适梦三十年前所喜一妇人，作长短句赠之，但记其后段：'隔岸桃花红未半，枝头已有蜂儿乱。惆怅武陵人不管。清梦断，亭亭伫立春宵短。'"②文人交游宴饮时，歌妓会在席间演唱，实际上是对词进行二度创作。歌妓与词人进行艺术交流，或产生艺术共鸣，有"知音"的感慨。据《侯鲭录》记载："欧阳闲居汝阴时，一妓甚韵文，公歌词尽记之。筵上戏约他年当来作守。后数年，公自维扬果移汝阴，其人已不复见矣。视事之明日，饮同官湖上，种黄杨树子，有诗《留撷芳亭》云：'柳絮已将春去远，海棠应恨我来迟'。"③所以宋代的歌妓除对相貌有要求外，还要有相当的文化修养。比声色更重要的是读书知礼，懂得诗词书画，谈吐不俗才能够与文士往来唱答。目前可见由歌妓创作的诗词不在少数。黄庭坚过泸南，在帅府遇官妓盼盼，席间赠盼盼一首词，盼盼口占《惜花容》作为回赠："少年看花双鬓绿，走马章台管弦逐。而今老更惜花深，终日看花看不足。坐中美女颜如玉，为我一歌金缕曲。归时压得帽檐敧，头上春风红簌簌。"盼盼巧妙地以对方的口吻作词，以花自喻，以少年"看花""惜花""簪花而归"回应对方对自己的欣赏与爱护，以"颜如玉""金缕衣"委婉表达珍惜光阴及时行乐之意。还有司马

---

① （宋）魏泰：《东轩笔录》（卷十五），李裕民点校，中华书局1983年版，第171页。

② （宋）方勺：《泊宅编》（卷第一），许沛藻、杨立扬点校，中华书局1997年版，第5页。

③ （宋）赵令畤：《侯鲭录》，孔凡礼点校，中华书局2002年版，第48页。

光赞扬过的才女温琬,自幼酷爱读书,极具天分,可称学识渊博,对经史典籍无不精通,亦有两首诗歌传世:"碧玉枝能辉彻栏,黄金蕊可见杯盘。陶潜素有东篱兴,莫与群芳一样看","簇金雕玉斗玲珑,心有清香分外浓。蜂蝶尽从嫌冷淡,陶潜不肯爱英蓉"①。这两首诗里,温琬赞美了菊花不与百花争艳、独立寒秋、香气清幽、不招蜂引蝶的可贵品格,也有以花自喻的况味。

正因为当时文士与歌妓交游的现象太普遍,所以也会因为与歌妓的交往引发一些争端,比如被人熟知的"严蕊冒死不诬士大夫"的故事。文士与歌妓过从甚密要承担一定的风险甚至还会引发政治危机,而这种危机往往还能在歌妓的干预斡旋下得以化解。

> 文潞公庆历中以枢密直学士知成都府。公年未四十,成都风俗喜行乐。公多燕集,有飞语至京师。御史何郯圣从……圣从将至,潞公亦为之动。张俞少愚者谓公曰:"圣从之来无足念。"少愚自迎见于汉州。同郡会有营妓善舞,圣从喜之,问其姓,妓曰:"杨。"圣从曰:"所谓杨台柳者。"少愚即取妓之项上帕罗题诗曰:"蜀国佳人号细腰,东台御史惜妖娆。从今唤作杨台柳,舞尽春风万万条。"命其妓作柳枝词歌之,圣从为之霑醉。后数日,圣从至成都,颇严重。一日,潞公大作乐以宴圣从,迎其妓杂府妓中,歌少愚之诗以酹圣从,圣从每为之醉。圣从还朝,潞公之谤乃息。事与陶毂使江南邮亭词相类云。张少愚者,奇士,潞公固重其人也。②

文彦博因宴会召妓遭到非议,朝廷派御史调查。属下张俞设计,御史被抓住了把柄,调查的事只能不了了之。这也从侧面反映了歌妓在文人士大夫的交游中起到了很大的作用。文彦博被非议的原因

---

① (清)厉鹗:《宋诗纪事》(卷九十七),上海古籍出版社1983年版,第2323页。
② (宋)邵伯温:《邵氏闻见录》(卷十),李剑雄、刘德权点校,中华书局1983年版,第101页。

是"喜行乐""多燕集",这在当时也是个普遍现象。北宋文人对歌妓的欣赏是他们生活娱乐的一部分,而娱乐化审美化的宴饮生活又是他们人生理想的一部分。我们似乎能看到结合在文人身上的两种形象:白天以儒家学说修身齐家治国平天下,晚上夜夜笙歌享受人生。正如北宋名相寇准诗里表白的那样,"将相功名终若何?不堪急景似奔梭。人间万事何须问,且向樽前听艳歌"(寇准《和倩桃》)。

在宋代文人的社会交往中,歌妓占据了重要位置。男性与女性之间的关系决定了男性对女性的评价标准,这种评价标准具有双重性。男人对妻子的要求反映了封建社会对女性的社会要求。夫妻关系首先是伦理关系。妻子首先要承担的是家族责任。妻子要品德高尚、举止端庄、出身清白、有治家的能力。对于文人士大夫来说,妻子关系到他们"修身齐家治国平天下"的理想。由于伦理纲常的约束,在日常生活里,男性通常无法也不愿意把妻子作为审美对象去表现,历史上的风流才子们对妻子的感情流露,大多出现在悼亡诗里。"惟将终夜长开眼,报答平生未展眉"(元稹《遣悲怀》),"十年生死两茫茫,不思量,自难忘"(苏轼《江城子》),"被酒莫惊春睡重,赌书消得泼茶香。当时只道是寻常"(纳兰性德《浣溪沙》)。男性对妾的要求,则反映了女性的审美价值、娱乐价值,所谓妻贤妾美。《红楼梦》的晴雯,因为容貌出众,成为贾母心目中宝玉妾的人选。妾没有妻在家庭组织中的地位和权益,更需要美色维持自己的地位。历史上的就李夫人深知"色衰而爱弛,爱弛则恩绝"的道理。与妾相比,男性与妓的关系更为自由。尤其是歌妓,不仅姿容秀丽还要"善弹琵琶解歌舞",知名的歌妓还精通词赋、书画,有很好的文化艺术修养,能够与文人士大夫交流,更符合文人的社会交际需要。柳永曾有四首《木兰花》词分别写了四位歌妓,心娘、佳娘、虫娘、酥娘。她们的舞姿、歌声、容貌、性情都是多情的词人赞美的对象。词人不吝笔墨,写了她们容颜之美,品性高洁、技艺高超,而且各有特点。

心娘自小能歌舞。举止动容皆济楚。解教天上念奴羞,不怕掌中飞燕妒。

　　玲珑绣扇花藏语。宛转香茵云衫步。王孙若拟赠千金，只在画楼东畔住。

　　佳娘捧板花钿簇。唱出新声群艳伏。金鹅扇掩调累累，文杏梁高尘簌簌。

　　鸾鸣凤啸清相续。管裂弦焦争可逐。何当夜召入连昌，飞上九天歌一曲。

　　虫娘举措皆温润。每到婆娑偏恃俊。香檀敲缓玉纤迟，画鼓声催莲步紧。

　　贪为顾盼夸风韵。往往曲终情未尽。坐中年少暗消魂，争问青鸾家远近。

　　酥娘一搦腰肢袅。回雪萦尘皆尽妙。几多狎客看无厌，一辈舞童功不到。

　　星眸顾指精神峭。罗袖迎风身段小。而今长大懒婆娑，只要千金酬一笑。

　　在如此的社会风气和文士特殊的心态下，宋代文人用花喻指女性就有与以往不同的意味。首先，文士用含蓄蕴藉的方式表现了女性的美，感性的人体美与风神之美都得到肯定。南朝时文人曾在宫体诗中正视女性的美，但是因其描写过于直接浅露，往往遭到后人的诟病，"这时期却犯了一桩积极的罪，它不是一个空白，而是一个污点"[①]，"人人眼角里是淫荡"[②]。实际上宫体诗绝少情色描写也并

----

　　① 闻一多：《宫体诗的自赎》，见《唐诗杂论·诗与批评》，生活·读书·新知三联书店2012年版，第14页。

　　② 闻一多：《宫体诗的自赎》，见《唐诗杂论·诗与批评》，生活·读书·新知三联书店2012年版，第15页。

不放荡，但其审美意识主要是从女性感性特征出发，女性形象被描绘临摹成精致的物象而缺少精神气质的挥洒，宫体诗的"物态化"特征从侧面证明了这一点。宋代文士以花喻女性，不仅可以形容女性的容貌与肤色等身体特征，还能够展现其风采神韵。宋人不喜浓妆艳抹，崇尚清新自然的妆容，"朱粉不深匀，闲花淡淡春"（张先《醉垂鞭》），"髻鬟斜掠，呵手梅妆薄"（朱淑真《点绛唇·冬》），"宝髻松松挽就，铅华淡淡妆成"（司马光《西江月》）。《李师师外传》中，形容李师师的美"无他，但令尔等百人，改艳妆，服素玄，令此娃杂处其中，迥然自别。其一种幽姿逸韵，要在色容之外耳"①。"幽姿逸韵"是隐藏的不容易发现的美，并不炫耀夺目。"幽""逸"从平淡、朴素中来，女性无须巧饰。因此宋代诗词形容女性不像唐代多用牡丹、芍药等艳丽花朵来类比，而多用梨花、梅花这样素雅的花形容。

其次，文士与女性交游除欣赏其美丽外，还有对其命运的关切。花自然的生长过程被文士注入了人的生命意识，花开花谢成为女性命运的缩影。北宋的李纲作《莲花赋》，一连用六个美女来譬喻莲的美②。他写道：

> 绿水如镜，红裳影斜，乍疑西子，临溪浣纱；
> 菡萏初开，朱颜半酡，又如南威，夜饮朝歌；
> 亭亭烟外，凝立逶迤，又如洛神，罗袜凌波；
> 天风徐来，妙响相磨，又如湘妃，瑟鼓云和；
> 娇困无力，摇摇纤柯，又如戚姬，楚舞婆娑；
> 风雨摧残，飘零红多，又如蔡女，荡舟抵河。

---

① 见关永礼、高烽、曲明光等编《中国古典小说鉴赏辞典》，中国展望出版社1989年版，第709页。

② 李纲：《莲花赋》，见曾枣庄、刘琳主编《全宋文》（卷三六八一，册一六九），上海辞书出版社2006年版，第10页。

　　这首诗用了历史上六名美女的典故，形容荷花从初绽、盛放到凋零破败的过程。早期的古典诗歌里，并没有过多描写鲜花凋零衰败的诗句。宋代描写落花和残红的诗句很多，宋人意识到最美好事物终将逝去，文人用艺术的手法将生命里的无奈感觉升华为一种审美情感。花与女性在生命历程上惊人的相似，花不仅用来形容女性外貌与品格的美好，还与女性的青春短暂、红颜易逝、命运际遇联系在一起。

　　综上所述，以花喻人不仅是文学方面的创作手法，还是宋代文人用于人物品评的思维模式。宋代花卉的人格化理论发展成熟，无论是形态还是内涵，花可以喻人也可以自喻。文士在交游中运用这一方式，能够影射政治隐情、暗示美好恋情，准确、蕴藉、精致地呈现内心情感，促进双方深层次的思想交流。

第三节　赏花会友：文人社交生活中的审美实践

　　宋代文人已经意识到，美就在生活中，或者说他们有意识地赋予日常生活某种观念和仪式以获得超越性的满足感。花因其可食、可簪、可赏出现在衣食住行各个领域，成为日常生活中的不可或缺之物，又因其在文人阶层的流行，进而成为风雅趣味的象征之物。文人还把插花、点茶、挂画、焚香合称为四艺，茶艺、花道是士大夫文化的一部分。伴随着文人日常生活艺术化的趋向，文人交际这种社会实践也体现出审美化的特征。

一　观花、赏花成为文人士大夫交游集会的重要缘起

　　欧阳修写给梅圣愈的一首诗中提到：清明前一日，韩子华以靖节《斜川》诗见招游李园，花开绚烂，时节恰到好处。无奈自己的身体微恙，不能与会，颇感扫兴。熙宁八年的春天，苏轼在密州治蝗虫，无暇去欣赏牡丹花。这一年的九月，牡丹花忽然开放。苏轼不胜欣喜，雨中置酒会客，作《雨中花慢》一词：

今岁花时深院，尽日东风，荡飏烟茶。但有绿苔芳草，柳絮榆钱。闻道城西，长廊古寺，甲第名园。有国艳带酒，天香染袂，为我留连。

清明过了，残红无处，对比泪洒尊前。秋向晚，一枝何事，向我依然。高会聊追短景，清商不假余妍。不如留取，十分春态，付与明年。

从中我们能体味出，文人相邀聚赏，不仅在意花的品种，而且对时机、场合等细节颇为讲究。也在一个雨天，居住在洛阳的司马光特意向好友发出赏花邀约：

谷雨后来花更浓，前时已是玉玲珑。
客来更说姚黄发，只在街西相第东。

小雨留春春未归，好花虽有恐行稀。
劝君披取雨襄去，走看姚黄判湿衣。

司马光《其日雨中闻姚黄开戏成诗二章》

"姚黄"和"玉玲珑"虽然是花中名品，可对于洛阳人来说，赏花未必急在一时。可是司马光偏要在雨中邀请两位好友去看牡丹，还戏言要穿上雨衣，其目的不在赏花，而是要跳出生活的平淡，追求新奇与超越。

宋代文人交游除了进行小规模的赏花活动外，有时也组织大规模的花会。扬州年年有芍药会的传统。在芍药花会期间，处处都是花的海洋，人们以芍药当屏风、当家具摆设，花面与人面相互辉映。晁补之的《望海潮》在题目里就点明了是为扬州芍药会而作：

人间花老，天涯春去，扬州别是风光。红药万株，佳名千种，天然浩态狂香。尊贵御衣黄。未便教西洛，独占花王。困倚东风，汉宫谁敢斗新妆。年年高会维阳。看家夸绝艳，人诧奇芳。结蕊当屏，联葩就幄，红遮绿绕华堂。花面映交相。更秉菅观洧，幽意难忘。罢酒风亭，梦魂惊恐在仙乡。

　　苏轼在《牡丹记叙》里详细记载了与众人在吉祥寺赏牡丹的盛况："圃中花千本，其品以百数。酒酣乐作，州人大集。金盘彩篮以献于坐者，五十有三人，饮酒乐甚，素不饮者皆醉。自舆台皂隶皆插花以从，观者数万人。"[①] 接下来苏轼交待自己写作此文的原由："余既观花之极盛，与州人共游之乐，又得观此书之精究博备，以为三者皆可纪。而公又求余文以冠于篇。"[②] 这段文字为我们提供了丰富的信息。本文作于熙宁五年三月，苏轼在杭州任通判，当时的杭州太守是沈立。此文是苏轼为太守沈立的《牡丹记》写的叙文。沈立字立之，熙宁三年十二月至熙宁五年五月任杭州太守，宋史有其本传。沈立不仅是一个关心民生的官吏还是一位著述颇丰的学者。花是文人在精神层面交流的重要对象。《牡丹记》已佚，应该是一部梳理牡丹种植历史、栽种技巧、收集咏牡丹的诗词和轶事的笔记，我们只能通过苏轼的描述略窥一二。沈立另外作过《海棠记》，也没有单独传世，只能通过陈思的《海棠谱》看到《海棠记》的序和大致内容。宋代文人对花的论述十分丰富，文人经常就对花的研究展开交流，欧阳修的《洛阳牡丹记》受到钱惟演的启发，王安石和黄庭坚探讨过花的命名。另外，文人们还会展开"斗花"活动，在艺花方面一较高下。梅尧臣就与好友在喜好牡丹方面志趣相同"不问兴亡事栽插，栽红插绿斗青春"（梅尧臣《次韵奉和永叔谢王尚书惠牡丹》）。

　　赏花会友是文人重要的活动。通过描述我们可以想象出一次规

---

① （宋）苏轼：《〈牡丹记〉叙》，见李之亮笺注《苏轼文集编年笺注》（二册），巴蜀书社 2011 年版，第 54 页。

② （宋）苏轼：《〈牡丹记〉叙》，见李之亮笺注《苏轼文集编年笺注》（二册），巴蜀书社 2011 年版，第 54 页。

模盛大的赏花活动，席间饮酒簪花，人人尽欢。男子簪花是宋代独有的社会风尚。对于文人来讲，除宫廷礼仪需要外，簪花大多是表现个性的举动。苏轼还有一首诗是记录这次活动的"人老簪花不自羞，花应羞上老人头。醉归扶路人应笑，十里珠帘半上钩"（苏轼《吉祥寺赏牡丹》）。苏轼当时只有三十七岁并非年迈，为何在此自称老人呢？这与他此时的心态有关。这里的"老"并非作者自觉暮气沉沉，而是指心态的旷达、从容。苏轼因不赞同新法被排挤出朝廷外放杭州，但他并没有因此消沉。到杭州后，苏轼颇有作为，整理盐务兴修水利，在接触百姓民生处理具体地方事务的过程中，他如鱼得水深得民心。赏花、簪花、醉酒实际上是文人真性情的流露。这种任情纵性的行为饱含苏轼看清个人浮沉的透彻，同时又有孩童般的率性天真。苏轼对自己的童心颇为自得，这种自得又是通过自嘲的形式表现的，因此才有"人老簪花不自羞"之语。在这次赏花之行中，苏轼还应吉祥寺僧的请求，给寺中楼阁命名，苏轼名之为"观空阁"，还赋诗一首"过眼荣枯电与风，久长那得似花红。上人宴坐观空阁，观色观空色即空"①。"色"与"空"本就是佛教的重要观念，"色"与"空"相对，又相辅相成，"色不异空，空不异色；色即是空，空即是色"（《波若波罗密多心经》）。明明是繁花似锦，美酒当前，耳畔都是俗世喧嚣，苏轼为什么还将花交友之所起名"观空阁"呢？这其中是否另有深意呢？其实苏轼对"物"的诱惑一直有着戒备心理。他不止一次讨论过人的快乐是否要建立在"物欲"满足的基础上。在《超然台记》中，他指出人不快乐的原因在于物有尽而欲无穷："吾安往而不乐？夫所为求福而辞祸者，以福可喜而祸可悲也。人之所欲无穷，而物之可以足吾欲者有尽。美恶之辨战乎中，而去取之择交乎前，则可乐者常少，而

---

① （宋）苏轼：《吉祥寺僧求阁名》，见李之亮笺注《苏轼文集编年笺注》（十一册），巴蜀书社 2011 年版，第 43 页。

可悲者常多。"① 这与叔本华对"痛苦"的理解相似。叔本华认为痛苦源于"与生命本身不可分离的需要和欲念"②，欲望愈多，痛苦愈深。苏轼所说的"物"不仅是美食、华服等声色之物，还包括人的精神需求，譬如艺术，以及名望、功业等价值追求。人在追求"物"的过程中，实现自身价值，把对"物"的占有当作快乐的源泉，把"物欲"能否实现当作衡量人价值的标准。苏轼看出了"欲望"的危险，所以主张以"无情"的态度对待"物"，即以审美的态度对待"物"，才能获得真正的快乐。苏轼将赏花的宴坐之所命名为"色空阁"，就是提醒人们空即是色，色即是空，花开即花落，物无悲喜，只有顺应自然才是对待"物"的正确态度。

二　宫廷赏花作为文士重要的社交活动

民间交游中赏花聚饮如此普遍，宫廷活动中更不可能缺少这等赏心乐事。宫廷的赏花活动是君主与文士交流的新形式，也反映出宋代社会的新型结构关系。宋代以武人夺权建国，为了避免唐五代节度割据的混乱局面，防止宦官、后宫外戚政治的出现，宋王朝优待文士，推行文治。历任统治者都对文士采取了优待政策。宋太祖实行文士做宰相的国策。宋太宗告诉文士："天下广大，卿等与朕共理。"③ 宋理宗谢皇后义正言辞道："我国家三百年，待士大夫不薄"。④ 文人士大夫待遇优厚，一般没有杀戮之虞，内心深处对这种新的社会结构是比较满意的。未入仕的邵雍有感于自己所处的时代临终前写下"生于太平世，长于太平世，老于太平世、死于太平世"的遗言。宋朝的国策也激发了文士的责任感与爱国热情，从"先天下之忧而忧，后天下之

① （宋）苏轼：《超然台记》，见李之亮笺注《苏轼文集编年笺注》（二册），巴蜀书社2011年版，第115页。

② ［德］叔本华：《叔本华论说文集》，范进等译，商务印书馆1999年版，第415页。

③ （宋）李焘：《续资治通鉴长编》（卷二六），中华书局2004年版，第600页。

④ （元）脱脱等：《宋史·理宗谢皇后传》（卷二四三），中华书局1985年版，第8659页。

乐而乐"（范仲淹《岳阳楼记》），到"为天下立心，为生民立命，为往圣继绝学，为万世开太平"（张载《近思录拾遗》），士人以天下为己任的精神不断发扬。这种新的政治结构要求宋代君臣建构更文明、更和谐、更精致的关系，由此形成了君臣交往重礼仪、讲人情的新特点，宫廷赏花钓鱼就是极佳的交流方式。

宋太宗时期就有君臣赏花钓鱼之事，真宗朝形成惯例。仁宗执政期间赏花钓鱼成了宫廷主要的休闲活动。宫廷的赏花活动具有歌舞升平政治清明的象征意义，政局不稳、人心涣散时赏花活动就会停止。宋哲宗元祐六年四月诏：

> 诏罢今岁幸金明池琼花苑。先是吕大防以御试妨春宴，请赏花钓鱼之会以修故事，有诏用三月二十六日。而连阴不解，天气作寒，未有花意，别择四月上旬间。及将改朔，寒亦甚。给事中朱光庭上疏请罢宴，大防意未然。及对太皇太后，谕旨天意不顺，宜罢宴，众皆竦服。他日，王岩叟奏事罢，因进言："昨见三省说，已有旨罢赏花钓鱼，此事甚善。人以陛下敬天意，极慰悦。今又入夏犹寒，天意不顺，陛下皆不忽，是大好事。"太皇太后曰："天道安敢忽？"岩叟曰："自古人君常患上则忽天意，下则忽人言。今陛下乃上畏天意，下畏人言，此盛德之事。愿常以此存心，天下幸甚！"
>
> ——《续资治通鉴长编》卷四五七

可见赏花活动不是随随便便就能举行的，要上应天时，下顺人心。司马光《温公续诗话》里记载了一桩趣事："先朝春月，多召两府、两制、三馆于后苑赏花、钓鱼、赋诗。自赵元昊背诞，西陲用兵，废缺甚久。嘉祐末，仁宗始修复故事，群臣和御制诗。是日微阴寒，韩魏公时为首相，诗卒章云：'轻云阁雨迎天仗，寒色留春入寿杯。二十年前曾侍宴，台司今日喜重陪。'时内侍郎都知任守忠尝以滑稽诗侍上，从容言曰：'韩琦诗讥陛下。'上愕然，问其故，守忠曰：'讥陛下游宴太频。'上为之笑。"① 韩琦通过今昔对比，指出如今宫中频频举行赏花钓鱼之事，实际上是歌颂仁宗朝国家繁荣昌盛、百姓安居乐业，君臣才能有闲情雅致钓鱼赏花。任守忠借韩琦的诗奉承了皇帝。宫廷赏花活动频繁举行，皇帝亲下诏书指派专门人员照料宫中草木，还对大臣赏花规定了进出宫殿的路线。

　　从上文中大臣敢于和皇帝开无伤大雅的玩笑，也能看出宫廷赏花活动从某种意义上说是君主与士大夫维系情感的社交活动。赏花钓鱼彰显了宋代政治君臣之间较为文明、亲近的关系。大臣将参加赏花之会视作一种荣耀。这种荣耀感主要来自身份的确认——作为文士受到君主的重视，有机会与君主近距离交流。李焘《续资治通鉴长编》为我们提供了这方面的佐证，例如，雍熙元年（984）春，太宗"召宰相近臣赏花于后苑上曰：'春风暄和，万物畅茂，四方无事，朕以天下之乐为乐，宜令侍从词臣各赋诗。'赏花赋诗自此始"②。雍熙二年（985）春，太宗又召"宰相，参知政事，枢密，三司使，翰林，枢密直学士，尚书省四品、两省五品以上，三馆学士，宴于后苑，赏花钓鱼，张乐赐饮，命群臣赋诗、习射。自是每岁皆然"③。君臣的亲密不限于共同参与赏花活动，还包括赏花时进行的精神、艺术交流。在宫廷举办的休闲活动中，君主要作诗赋赏，大臣们也要作诗应制。太宗、真宗、光宗都有咏花诗流传后世。皇帝的个人喜好总能影响社会的审美趣味。真宗皇帝曾作《海棠》一诗，就作为有说服力的"证据"被陈思写进《海棠谱》。大致意思是四川的海棠非常美丽，古代记载并不多，近年来却一再被提及。为什么会这样呢？听说真宗皇帝曾有咏花诗十首，其中以海棠为首章与亲近大臣唱和，足见海棠的美可以与牡丹抗衡了。海棠花在唐代记载不多，在宋代却深受喜爱。在陈思看来，其境遇的转变与皇室推崇有很大关系。统治阶层在审美方

　　① （宋）司马光：《温公续诗话》，见李之亮笺注《司马温公集编年笺注》（六册），巴蜀书社 2008 年版，第 203 页。
　　② （宋）李焘：《续资治通鉴长编》（卷二十六），中华书局 1992 年版，第 575—576 页。
　　③ （宋）李焘：《续资治通鉴长编》（卷二十六），中华书局 1992 年版，第 595—596 页。

面的偏好在全社会范围内有示范效应。

宋代诗词中赏花应制之作为数不少，乃当时的社交风尚使然。参加钓鱼赏花之会的大臣要赋诗是惯例。大多数应制诗词都以歌颂太平、君主贤明为主题，艺术上并无新意。但由于统治者大力倡导，宫廷赏花活动的频繁，应制诗渐成文学创作的一种风格乃至体式，在宋代诗坛形成了一股不容忽视的力量。清代的张德瀛就提到过宋代诗坛流行"应制体"的风气，其中赏花是应制诗词的重要主题，"万俟雅言、晁端礼在大晟府时，按月律进词；曾纯甫、张材甫词，亦多应制体。它如曹择可有荼蘼应制词，宋退翁有梅花应制词、康伯可有元夕应制词，与唐初沈、宋以诗夸耀者相颉颃焉。风气之宗尚如此"①。

宫廷赏花活动的应制诗还有另外一个功能，皇帝借此考察文士是否具有真才实学。王禹偁就因才思敏捷得到太宗皇帝的赏识，受命作《诏臣僚和御制赏花诗序》一文，这在当时是很高的荣耀。不久以后（即淳化二年）诗人被贬商州，在离京的路上对宫廷赏花活动依然充满回忆和眷恋，"忽忆今春暮，宫花照苑墙。琼林侍游宴，金口独褒扬"（王禹偁《初出京过琼林苑》），可见，宫廷赏花传达出的优待士人的况味在当时是多么的深入人心。

三 赏花活动体现了文士交游的艺术化特征

如前文所述，赏花在文人交际乃至政治生活中发挥了重要作用。花不是交际活动中的背景式存在，而是构成了文士交游的中心环节。如周密《武林旧事》中所记载的一次赏花活动，"起自梅堂赏梅，芳春堂赏杏花，桃源观桃，粲锦堂金林檎，照妆亭海棠，兰亭修禊，至于钟美堂赏大花为极盛"②。不仅如此，每一处场景的布置，也都极尽工丽，如花丛周围之"碧幕"，花前之"象牌"（名

---

① （清）张得瀛：《词征》（卷五），见唐圭璋《词话丛编》（第五册），中华书局 1986 年版，第 4153 页。

② （宋）周密：《武林旧事》，钱之江校注，浙江古籍出版社 2011 年版，第 45 页。

签)，可见花石堆叠中对层次感和高低、远近之映衬对照等技巧的讲究等。

南宋的张镃家世显赫，精通诗词书画，又热情好客交游广泛。他将十二个月的燕游之事写成文字，并名曰"四并集"。"四并"之说出自南朝谢灵运《拟魏太子邺中集诗序》，这里指良辰、美景、赏心、乐事四者同时遭逢。"四并"的关键在于赏心。心若清净则"于有差别境中，而能常入无差别定。则淫房酒肆，遍历道场；鼓乐音声，皆谈般若。"① 张镃语中似有对世人批评他豪侈有辩解之意，但也不难发现另外一重意思即只要人际交往的主体有一种超越性的观念，审美化的交往可以在日常生活中实现，无须以远离尘世的姿态寻求。张镃用了非常细致的笔墨描述了他的日常生活：

正月孟春

岁节家宴、立春日迎春春盘、人日煎饼会、玉照堂赏梅、天街观灯、诸馆赏灯、丛奎阁赏山茶、湖山寻梅、揽月桥看新柳、安闲堂扫雪。

二月仲春

现乐堂赏瑞香、社日社饭、玉照堂西赏缃梅、南湖挑菜、玉照堂东赏红梅、餐霞轩看樱桃花、杏花庄赏杏花、群仙绘幅楼前打球、南湖泛舟、绮互亭赏千叶茶花、马塍看花。

三月季春

生朝家宴、曲水修禊、花院观月季、花院观桃柳、寒食祭先扫松、清明踏青郊行、苍寒堂西赏绯碧桃、满霜亭北观棣棠、碧宇观笋、斗春堂赏牡丹芍药、芳草亭观草、宜雨亭赏千叶海棠、花苑蹴秋千、宜雨亭北观黄蔷薇、花院赏紫牡丹、艳香馆观林檎花、现乐堂观大花、花院尝煮酒、瀛峦胜处赏山茶、经寮斗新茶、群仙绘幅楼下赏芍药。

---

① （宋）周密：《武林旧事》，钱之江校注，浙江古籍出版社2011年版，第210—211页。

四月孟夏

初八日亦庵早斋随诣南湖放生食糕糜、芳草亭斗草、芙蓉池赏新荷、蕊珠洞赏荼蘼、满霜亭观橘花、玉照堂尝青梅、艳香馆赏长春花、安闲堂观紫笑、群仙绘幅楼前观玫瑰、诗禅堂观盘子山丹、餐霞轩赏樱桃、南湖观杂花、鸥渚亭观五色莺粟花。

五月仲夏

清夏堂观鱼、听莺亭摘瓜、安闲堂解粽、重午节泛蒲家宴、烟波观碧芦、夏至日鹅鸾、绮互亭观大笑花、南湖观萱草、鸥渚亭观五色蜀葵、水北书院采苹、清夏堂赏杨梅、丛奎阁前赏榴花、艳香馆尝蜜林檎、摘星轩赏枇杷。

六月季夏

西湖泛舟、现乐堂尝花白酒、楼下避暑、苍寒堂后碧莲、碧宇竹林避暑、南湖湖心亭纳凉、芙蓉池赏荷花、约斋赏夏菊、霞川食桃、清夏堂赏新荔枝。

七月孟秋

丛奎阁上乞巧家宴、餐霞轩观五色凤儿、立秋日秋叶宴、玉照堂赏玉簪、西湖荷花泛舟、南湖观稼、应铉斋东赏葡萄、霞川观云、珍林剥枣。

八月仲秋

湖山寻桂、现乐堂赏秋菊、社日糕会、众妙峰赏木樨、中秋摘星楼赏月家宴、霞川观野菊、绮互亭赏千叶木樨、浙江亭观潮、群仙绘幅楼观月、桂隐攀桂、杏花庄观鸡冠黄葵。

九月季秋

重九家宴、九日登高把萸、把菊亭采菊、苏堤上玩芙蓉、珍林尝时果、景全轩尝金橘、满霜亭尝巨螯香橙、杏花庄篘新酒、芙蓉池赏五色拒霜。

十月孟冬

旦日开炉家宴、立冬日家宴、现乐堂暖炉、满霜亭赏蚤霜、烟波观买市、赏小春花、杏花庄挑荠、诗禅堂试香、绘幅楼庆暖阁。

十一月仲冬

摘星轩观枇杷花、冬至节家宴、绘幅楼食馄饨、味空亭赏蜡梅、孤山探梅、苍寒堂赏南天竺、花院赏水仙、绘幅楼前赏雪、绘幅楼削雪煎茶。

十二月季冬

绮互亭赏檀香蜡梅、天街阅市、南湖赏雪、家宴试灯、湖山探梅、花院观兰花、瀛峦胜处赏雪、二十四夜饧果食、玉照堂赏梅、除夜守岁家宴、起建新岁集福功德。①

观花、看雪、玩月、煎茶、试香、泛舟、煮酒、赏园、蹴秋千……看似简单的行为却关联着一系列的生活设施与生活观念。张镃依托园林践行他的理想生活。园林的大部分景观都是围绕花木来设计的。花木成为园林景观设计的主题,花的种植种类、观赏条件是园林设计的重要参照。玉照堂是赏梅的佳处,植梅四百株。玉照堂西赏缃梅,玉照堂东赏红梅。再比如芙蓉池,种植红莲十亩,四面种芙蓉,夏秋两季都有花可赏。"宜雨亭"处,水流的两侧种千叶海棠二十株。我们不妨大胆地设想一下,宜雨亭应该是专门赏落花的所在,雨天欣赏海棠花落逐水飘零的美。至于为什么种海棠,或许取"雨疏风骤""绿肥红瘦"之意。除了园林内的活动外,也写了外出交游的活动。"孤山探梅""马塍看花""苏堤观芙蓉",都是杭州人重要的休闲活动。杭州的自然地理条件得天独厚,人杰地灵文化悠久,为赏花提供了便利的条件。以四月孟夏为例,赏新荷、荼蘼、橘花、长春花、紫笑、玫瑰、罂粟花,欣赏不同的花卉也不至于单调枯燥。张镃和他的朋友们精心营造诸如"赏花"之类的活动,意在于世俗人生之外,开辟一个与名利世界无关的审美空间。参加活动的人暂时放下名利之图,"赏花"只是为了激发人们对生活本身的热爱。

---

① (宋)周密:《武林旧事》,钱之江校注,浙江古籍出版社 2011 年版,第 211—213 页。

绍熙四年（1193），杨万里在故乡自辟东园，遍植花卉。东园的面积并不大，仅有一亩地，诗人自辟九径，将江梅、海棠、桃、李、橘、杏、红梅、碧桃、芙蓉，九种花木各植一径，命名为"三三径"。诗人周必大探访杨万里，对"三三径"很有兴趣，赋诗一首，认为其"意象绝胜"。

周必大认为"三三径"是一个"意象"，这是个很有意思的问题。"意象"本是用在哲学、美学、艺术领域的词语，此处周必大却用来指小园种花的路径。"意象"是个内涵丰富的词汇，既表意、明理，也可以传情。"象"最初可以"体道"，"道之为物，惟恍惟惚。惚兮恍兮，其中有象；恍兮惚兮，其中有物"（《老子·二十一章》）。"道"虽然不可捉摸，恍惚之中却包含了"物"与"象"。庄子阐释"道"与"象"的关系时，讲了一则"象罔"的故事。这则寓言中，黄帝丢失了"玄珠"（道），先后派"知"（理智）、"离朱"（感官）、"喫诟"（语言）等人去寻找，都没有找到，后来派了"象罔"却找到了。"象罔"在这里是"实"和"虚"的结合体，比理智、感官、语言更接近"道"。真正把意象转向艺术思维的是《周易》。《周易》中的"象"是以模仿万物的形象的方式说明义理，具有模拟、象征、比喻的特点。但是《周易》用"象"来喻"道"，一旦明"道"，"象"可以与道相分离。而艺术意象，"象"与情感是不可分的。在艺术中，"象"本身也是目的，而非手段，一旦把"象"与情感、思想剥离开，艺术也就不是艺术了。周必大将"三三径"称之为意象，接近今天所说的艺术意象，就是把花径当作杨万里的艺术品看待，同时"象"与"意"不可分割的。只不过这种意象不是存在于常见的艺术形式之中，而是存在于人的实践活动之中，是人创造的第二自然。此诗创作之时，杨万里刚刚致仕，他不止一次在信中表示要享受退休生活，有放鹤出笼，纵鱼入海之感。作为挚友周必大深知其醉翁之意不在酒，"三三径"作为表意之象喻示着杨万里的归隐田园之乐。杨万里的独运匠心，周必大的善解人意，二人的知音之情都通过赏花表现出来了。

　　花可以为文人的交游活动营造一种审美的情境。在宋人的审美意识中，花与其他事物一道构成了日常生活里一个脱离世俗名利、车马喧嚣的审美世界。宋画《听琴图》中，松阴下弹琴者焚香抚琴，正前方即所插花卉。花器是古铜鼎，置以石几之上，花枝飞扬向上。弹琴者是徽宗本人，听琴者是一名童子、两名大臣。皇帝一副道家打扮。《洞天清录集》说：“弹琴对花，惟岩桂、江梅、茉莉、酴醾、蔷蔔等清香而色不艳者方妙，若妖红艳紫非所宜也。”[1] 可见，弹琴对花绝非偶然。画上有北宋末年权相蔡京的题诗：“仰窥低审含情客，似听无弦一弄中。”听琴不在于琴声是否美妙，“含情客”看重的是偷得浮生半日闲，不必远涉山川、绝尘弃俗，一样能够让疲惫的身心得到休养，照到自己的“真面目”。花与酒、茶日常之物同样能构成审美情境。虽然唐人有花下饮茶“煞风景”之说，但宋人已不再这么认为。宋代人们以花下饮茶为更雅之事。如邹浩《梅下饮茶》：“不置一杯酒，惟煎两碗茶。须知高意别，用此对梅花。”邵雍《和王平甫教授赏花处惠茶韵》：“太学先生善识花，得花精处却因茶。万香红里烹余后，分送天津第一家。”苏轼在徐州时，曾与王子立、王子敏、张师厚在杏花下饮酒，二王还在月色中吹起了洞箫。这都说明宋代文士注意营造交际氛围。《曲洧旧闻》里有一个“蜀公飞英会”的故事：

　　　　蜀公居许下，于所居造大堂，以长啸名之。前有荼蘼架，高广可容数十客。每春季花繁盛时，宴客于其下。约曰：“有飞花堕酒中者，为余釂一大白。”或语笑喧哗之际，微风过之，则满座无遗者。当时号为飞英会，传之四远，无不以为美谈也。[2]

　　范镇的居处叫长啸堂，堂前有酴醾架，每到花开的季节，就会在

① （宋）赵希鹄：《洞天清录集》，《丛书集成》本，商务印书馆1937年版，第6页。
② （宋）朱弁：《曲洧旧闻》（卷三），孔凡礼点校，中华书局2002年版，第115页。

酴醾架下宴请宾客。不管花落在谁的杯中，都要罚酒。落花纷纷，自然都要罚酒，这个宴会就叫做"飞英会"。我们在这里看到的与其说赏花的方式新样迭出，不如说是借助赏花，宾主尽欢，达到了交际的目的。"飞英会"的模式意味着文人交游具有艺术化的特征，文人交游具有追求风雅的态度，引起了后世的效仿。苏轼提到去别人家做客的情形，为了纳凉，主人在屋中放置了一大盆冰泉水，难得是将一朵白芙蓉置于其上，客人看后悠闲自得，不再有中暑的感觉了。

南渡之后，士人交游讲求风雅、精致的风气不但没有减弱，反而有过之而无不及。《齐东野语》还记载了张镃举办的一次赏花活动：

张镃功甫，号约斋，循忠烈王诸孙，能诗，一时名士大夫，莫不交游。其园池声妓服玩之丽甲天下。尝于南湖园作驾霄亭于四古松间，以巨铁絚悬之空半而羁之松身。当风月清夜，与客梯登之，飘摇云表，真有挟飞仙、遡紫清之意。王简卿侍郎尝赴其牡丹会云：众宾既集，坐一虚堂，寂无所有。俄问左右云：香已发未？答云：已发。命卷帘，则异香自内出，郁然满座。群妓以酒肴丝竹，次第而至。别有名妓十辈皆衣白，凡首饰衣领皆牡丹，首带照殿红一枝，执板奏歌侑觞，歌罢乐作乃退。复垂帘谈论自如，良久，香起，卷帘如前。别十妓，易服与花而出，大抵簪白花则衣紫，紫花则衣鹅黄，黄花则衣红，如是十杯，衣与花凡十易。所讴者皆前辈牡丹名词。酒竟，歌者、乐者，无虑百数十人，列行送客。烛光香雾，歌吹杂作，客皆恍然如仙游也。①

这是一次别开生面的赏花活动：烛光掩映，香雾氤氲缭绕，耳畔响起丝竹之声，美酒佳肴安抚着味蕾，美女以花为饰抑或说花以美人为器，"簪白花则衣紫，紫花则衣鹅黄，黄花则衣红，如是十怀，衣

①　（宋）周密：《齐东野语》，张茂鹏校注，中华书局1983年版（2008年重印），第374页。

与花凡十易"说不清是一次赏花活动还是服装表演。这样一次美的盛宴给了观者难以磨灭的体验，"恍然如仙游也"。追求"游"的境界，是当时文人的旨趣。宋人在交游中不欣赏炫耀感的富贵，他们更喜欢用艺术的方式体现。被人评价为"富贵优游五十年"的太平宰相晏殊，其诗句"楼台院落溶溶月，柳絮池塘淡淡风"被认为最有富贵气象。

在与前人的对比中，宋人交往的艺术性特征更为明显。宋人追慕前人交游的风雅，程颐评价兰亭雅集说："盛极兰亭旧，风流洛社今。坐中无俗客，水曲幽清音。"（程颐《陈公廙园修禊事席上赋》）但宋人还是能指出兰亭集会不尽人意之处，即与会者缺少文化意味，因不会做诗而罚酒。宋人自己对这一点，是颇为自得的：

> 欲极一日之欢以为别，於是得普明精庐。醼酒竹林间，少长环席，去献酬之礼，而上不失容，下不及乱。和然啸歌，趣逸天外。酒既酣，永叔曰："今日之乐，无愧于古昔。乘美景，远尘俗，开口道心胸间。达则达矣，于文则未也。"命取纸写普贤佳句置坐上，各探一句，字字为韵，以志兹会之美。咸曰："永叔言是，不尔，后人将以我辈为酒肉狂人乎！"顷刻，众诗皆就，乃索大白，尽醉而去。[①]

说明宋人有意把自己与魏晋那种涓狂放荡的交游风气区分开，而这种形式化、艺术化的趣味，就是借花的把玩与观赏传达出来的。如叶梦得在《避暑录话》中载：欧阳修在扬州时，修平山堂。每到夏天，就会遣人去邵伯湖取千朵荷花。"遇酒行，即遣妓取一花传客，以次摘其叶，尽处则饮酒。"[②] 到了晚上，载着酒意和月色乘兴而归。在花的作用下，行酒令都变得诗意起来。大概欧阳修也对此非常得

----

① 梅尧臣：《新秋普明院竹林小饮诗序》，曾枣庄、刘琳主编：《全宋文》（卷五九三，二八册），上海辞书出版社 2006 年版，第 160 页。

② 洪本健：《欧阳修资料汇编》，中华书局 1995 年版，第 163 页。

意，还特意将此情此景写进诗中："千顷芙蕖盖水平，扬州太守旧多情。画盆围处花光合，红袖传来酒令行。舞踏落晖留醉客，歌迟檀板换新声。如今寂寞西湖上，雨后无人看落英。"① 如果将这次宴饮与魏晋时期竹林七贤相邀于竹林旁若无人、酣畅淋漓的痛饮相比，其"形式化""艺术化"的意蕴无疑极为突出。

正因为宋代文士在交游中追求风雅，他们更喜欢赋诗、作画、斗茶、听琴、弈棋、玩墨、赏雨……这些富有文化气息的活动。王禹偁在《无愠斋记》中说："公退之暇，当以琴书诗酒为娱宾之地，有余力则召高僧道士，煮茶炼药可矣。"② 王安石有一次与人弈棋，胜负的筹码并非金银，而是输家要赋梅花诗，非常风雅。再比如文人之间盛行斗茶之风，以竞赛的方式品评茶的优劣，对茶叶的种类、茶汤的颜色、汤花形态、水的选择、冲泡技巧都有较高要求。斗茶双方对胜负还颇为看重。范仲淹有一首诗就生动地描绘了文人之间的斗茶盛况："北苑将期献天子，林下雄豪先斗美。鼎磨云外首山铜，瓶携江上中泠水。黄金碾畔绿尘飞，紫玉瓯心雪涛起。斗余味兮轻醍醐，斗于香兮蒲兰芷。其间品第胡能欺，十目视耳十手指，胜若登仙不可攀，输同降将无穷耻。"（范仲淹《和章岷从事斗茶歌》）在斗茶的过程中，宋人重视审美体验的特征非常突出。从水花的形态到茶的颜色、香气、味道，都有明确的胜负规则。文人中间流行的诸如斗茶、斗草、斗香、禁体物语赋诗等活动，有明显的游戏性和竞技性。

文人交游的艺术化缘自于他们追求"闲雅"的人生态度。这也是他们不同于前人之处。宋人无须再像魏晋人士那样追问生命的价值，也不像唐人那样注重外在事功的意义。宋人找到了安放心灵的途径，以审美的方法处理生活中的问题，包括人际关系。宋代文士理想交游的典范

---

① （宋）欧阳修：《答通判吕太博》，见李之亮笺注《欧阳修集编年笺注》（第一册），巴蜀书社 2007 年版，第 461 页。

② （宋）王禹偁：《无愠斋记》，曾枣庄、刘琳主编：《全宋文》（卷一五七，八册），上海辞书出版社 2006 年版，第 78 页。

是"西园雅集"。"西园雅集"根据北宋大画集李公麟创作的《西园雅集图》得名。西园是宋英宗驸马王诜的私家园林。他与苏轼等人来往密切，经常在西园中举办宴会。米芾《西园雅集图记》写道：

  李伯时效唐小李将军为著色泉石云物、草木花竹，皆绝妙动人；而人物秀发，各肖其形，自有林下风味，无一点尘埃气，不为凡笔也。其乌帽、黄道服，捉笔而书者为东坡先生；仙桃巾、紫裘而坐观者为王晋卿；幅巾青衣、据方几而凝伫者为丹阳蔡天启；捉椅而视者为李端叔。后有女奴，云鬟翠饰倚立，自然富贵风韵，乃晋卿之家姬也。孤松盘郁，上有凌霄缠络，红绿相间。下有大石案，陈设古器瑶琴，芭蕉围绕。坐于石盘旁，道帽紫衣，右手倚石，左手执卷而观书者为苏子由；团巾茧衣，手秉焦箑而熟观者为黄鲁直。幅巾野褐，据横卷画渊明《归去来》者为李伯时；披巾青服，抚肩而立者为晁无咎。跪而捉石观画者为张文潜。道巾素衣，按膝而俯视者为郑靖老。后有童子执灵寿杖而立二人。坐于盘根古桧下，幅巾青衣，袖手侧听者为秦少游；琴尾冠、紫道服，摘阮者为陈碧虚；唐巾深衣，昂首而题石者为米元章；幅巾，袖手而仰观者为王仲至。前有鬤头顽童捧古砚而立，后有锦石桥竹径。缭绕于清溪深处。翠阴茂密中，有袈裟坐蒲团而说《无生论》者，为圆通大师。旁有幅巾褐衣而谛听者，为刘巨济。二人并坐于怪石之上，下有激湍漱流于大溪之中。水石潺湲，风竹相吞，炉烟方袅，草木自馨，人间情况之乐，不过于此。嗟乎！汹涌于名利之域而不知退者，岂易得此耶？自东坡而下，凡十有六人，以文章议论，博学辨识，英辞妙墨，好古多闻，雄豪绝俗之资，高僧羽流之杰，卓然高致，名动四夷。后之揽者，不独图画之可观，亦足仿佛其人耳。①

  ① （宋）米芾：《西园雅集图记》，见于曾枣庄、刘琳主编《全宋文》（卷二六零三，一二一册），上海辞书出版社 2006 年版，第 41—42 页。

关于西园雅集有很多争议，甚至认为是不存在这样一次集会。理由大致如下：第一，《西园雅集图记》并没有出现在米芾的《宝晋英光集》中，而是出现在补遗里，不排除他人伪作的可能。第二，考察人物生平行迹，画中人物没有可能同时出现在一次聚会中。

如果"西园雅集"是虚构的话，就更能反映当时士人推崇的交游模式。《西园雅集图》的目的不是要用写实的手法表现某次确切的聚会，而是以理想化的手法表现以苏门文人为代表的文人日常交际生活。这是一次风流文士的大雅之会。除侍女、童子外，主要刻画了十六个人：苏轼、王诜、蔡肇、李之仪、苏辙、黄庭坚、李公麟、晁补之、张耒、郑嘉会、秦观、陈景元、米芾、王钦臣、圆通大师、刘泾。这些人分成六组，从事了不同的文化活动。苏轼在挥毫泼墨，王诜、蔡肇、李之仪三人姿势各异在一旁观摩；苏辙和黄庭坚在看书；李公麟正在画《归去来》图，晁补之、张耒、郑嘉会在一旁观赏；道士陈景元在一旁抚琴，引得秦观侧耳倾听；人称"石颠"的米芾，此时也不忘对石题字；王钦臣则气定神闲、置身事外，似乎在观察大家的活动；远处圆通大师和刘泾正在讲经参禅，讨论佛法（见图七）。

图七　李公麟　西园雅集图轴

　　画中人从事的种种活动不仅展现了他们的文化修养，还尽显“卓然高致”的气质风度。“林下风味”出自《世说新语》，形容闲雅飘逸、恬淡自然的风采。十六人的群体活动，没有喧哗与骚动，而是在静谧、自在、悠闲的氛围中进行，没有纵情豪饮、声妓之欢，每个人物都自得其乐。真正让后世追慕的并不是元祐党人处于政治上升期的志得意满，而是文人交际圈共同拥有的温文儒雅、闲逸自得的风度，以及在共同的价值观念下形成的自由的、放松的人际关系。这才是“西园雅集”被后世追忆的根本原因。

第四章　花与宋代生活空间

　　生活空间不仅包括生活中具体的物理空间，也包括人在居住环境中享有的精神空间、心理空间乃至审美空间。花作为自然物，以其形、色、香、态极大美化了人们的生活环境。美化的空间使人们的生活更加富有趣味性和审美性。宋人对居住环境的重视反映了对精致生活的追求和向往。尤其是文人，往往把精心设计的生活空间当作内心世界的表达。营造雅居，自娱其间，是不少文人的生活追求。文人园林就是审美与实用观念结合的产物，既是生活的居所又是精神栖居的家园。宋代是花文化的成熟期，也是园林文化的成熟期。宋人得天独厚的地理条件，中隐的价值观念，整体上休闲、尚雅的社会风气，促使园林极大发展。宋代社会整体对花卉的热情推动了花卉种植的专业化、集中化，花工与园户应社会需要而生，成为城市生活不可缺少的建设者。宋代还出现了不少以花闻名的城市，花卉成为城市的标志。花卉与城市在审美文化上互相渗透，凝结成了稳定的文化意象。

第一节　宜居环境的营构

一　"可使食无肉，不可居无竹"

　　宋人对居住环境的要求很高，"可使食无肉，不可居无竹。无肉令人瘦，无竹令人俗"（《苏轼《於潜僧绿筠轩》）。在这里，"竹"则能起到美化居住环境的作用。而且在宋人看来，"食肉"表示较低层次的生理需要，而居住空间不但能给人美的熏陶，还是居住者生活态度、精神气质、情趣品位的外化形式。

花本是自然之物，人工栽培主要目的之一就是装点人的生活环境。花卉会被精心安置在合适的物理空间中，发挥赏心悦目的作用。花期有先后之别，一年四季都可以美化环境。花的习性各异，无论是室内还是室外都可以种植，应用范围极广。

古人根据花的不同习性将其种植于不同的环境之中。迎春花属于木樨科灌木，枝条柔弱纤长，可达三四尺，往往种植于户外庭院之内。迎春花不畏严寒先春而放，给人带来春的消息，获得人们的喜爱。北宋名相韩琦有一首《中书东厅迎春》的诗，写的就是行政机构中书省东厅种植了迎春花："复阑纤弱绿条长，带雪冲寒拆嫩黄。迎得春来非自足，百花千卉共芬芳。"另一位诗人刘敞写过北宋皇宫中藏书阁的迎春花："沉沉华省锁红尘，忽地花枝觉岁新。为问名园最深处，不知迎得几多春。"（刘敞《迎春花》）华省即华美的皇宫禁地，藏书阁坐落在皇宫之中。刘敞曾担任翰林侍读学士，因要陪伴宋英宗赵曙读书，才能频繁出入藏书阁，见到禁中种植的迎春花。荷花生长在水中，习性与诸花不同，香气清远，在美化环境方面发挥着比较独特的作用。荷花有"净友"之称，在佛教中地位崇高，常被植于寺院。宋代皇家寺庙五岳观里栽种了四色莲花，世所罕见。宋人还将花木种植于酒店，出现了"花园酒店"。酒店兼具园林的功能，环境清幽，往往闹中取静，更适合文人雅士。装饰摆设强调艺术品位，供文人雅士文会聚饮。

除了种植花卉外，宋人喜欢插花。中国插花起初受到佛教的影响，佛经中的天女持花，启发了凡人的插花灵感。南北朝时期有了最早的插花艺术的文字记载，是关于佛前供花的故事：

> 晋安王子懋，字云昌，武帝第七子也。诸子中最为清恬，有意思，廉让好学。年七岁时，母阮淑媛尝病危笃，请僧行道，有献莲华供佛者，众僧以铜罂盛水渍其茎，欲华不萎。子懋流涕礼佛曰：若使阿姨因此和胜，愿诸佛令华竟斋不萎。七日斋毕，华

更鲜红，视罂中稍有根须，当世称其孝感。①

莲花是佛陀的化身，又有洁净之意。僧侣们用铜盆盛水栽花，是为了延长花的保鲜期。这一事件当时就引起了强烈反响，插花作为形式也就流传开来。唐朝、五代期间插花主要还是在贵族阶层流行。在唐人的意识中，美好事物本就该出现在富贵之乡，考究奢华的生活方式能引来众人的钦羡与追捧，"元宝好宾客，务于华侈，器玩服用，僭于王公，而四方之士尽归而仰焉"②。"百宝栏""沉香阁""移春槛"等豪华骄纵的方式在当时并没有遭到诟病，反而引以为时尚。《开元天宝遗事》中有"金铃护花"的故事，"天宝初，宁王日侍，好声乐，风流蕴藉，诸王弗如也。至春时，于后园中，系红丝为绳，密缀金铃，系于花梢之上，每有鸟雀翔集，则令园吏掣铃索以惊之，盖惜花之故也。诸宫皆效之"③。为了护花惊鸟，不吝"红丝""金铃"，没有雄厚的经济实力不可能达到。唐后主李煜每到春天，便将宫中的桌、架、几、壁、窗、梁、栋、柱等布满鲜花，并以豪华的幄幛为花避风，同时悬挂名家字画加以衬托，自称"锦洞天"。这些行为在当时被认为"风流蕴藉"，是值得效仿的对象。

插花在宋代进入到平民生活，成为宋人的生活方式，不为贵族单独享有。这是宋人生活艺术化的体现，也是插花史的一大进步。由于平民热衷插花，宋代鲜花的需求量惊人。每日的清晨，卖花者骑着骏马、提着竹篮，发出清脆悠扬的叫卖声。到了鲜花盛开的时节，花市更显热闹，买者纷然，一派繁荣景象："是月春光将暮，百花尽开，如牡丹、芍药、棣棠、木香、荼蘼、蔷薇、金纱、玉绣球，小牡丹、海棠、锦李、徘徊、月季、粉团、杜鹃、宝相、千叶桃、绯桃、香

---

① （唐）李延寿：《南史》（卷四十四），中华书局1975年版，第1110页。

② （五代）王仁裕等：《开元天宝遗事十种》，丁如明辑校，上海古籍出版社1985年版，第85页。

③ （五代）王仁裕等：《开元天宝遗事十种》，丁如明辑校，上海古籍出版社1985年版，第73页。

梅、紫笑、长春、紫荆、金雀儿、笑靥、香兰、水仙、映山红等花，种种奇绝。"① 出于插花的需要，宋人对如何延长花期有相当的研究。不同于南北朝时期简单将花插入水中，还发明了"烧枝法""捶根法"。所谓烧枝法，指将花折断之处烧焦，再用蜡做封闭处理。所谓捶根法，指将花根捶破，也可以再涂上盐，延长花的保鲜期。

宋代文人将插花视为一门艺术，插花对于文人是人格修养的一部分。在花材的选择上，梅、兰、菊、莲等象征君子人格的花卉更获青睐。在插花的风格上，崇尚简单质朴之美。宋人不再如唐代刻意追求插花形式的富丽宏大，而是以简单的造型强调内在感受的细腻，小瓶插花更获文人青睐，所谓"翠叶金花小胆瓶，轻拈款嗅不胜情"。（徐介轩《岩桂花》）

淳熙二年前后（1175），杨万里创作了一首名为《钓雪舟倦睡》的诗：

> 小阁明窗半掩门，看书作睡政昏昏。
> 无端却被梅花恼，特地吹香破梦魂。

诗前还有一小序："予作一小斋，状似舟，名以钓雪舟。予读书其间，倦睡。忽一风入户，撩瓶底梅花极香，惊觉，得绝句。"（杨万里《钓雪舟倦睡》）此诗是杨万里在福建为官所作。当地并不下雪，他却将自己的书斋命名为"钓雪舟"究竟为何？"钓雪舟"取自柳宗元的诗句，"孤舟蓑笠翁，独钓寒江雪"（柳宗元《江雪》）。《江雪》中的意境表现了一种看似荒寒实则丰盈的美学意境，再加上书斋狭长，状似小舟，因而得名。文人为自己的书房命名，大多要抒发性情。杨万里此举颇富文人意趣，借书斋之名表达自己"独与天地之往来"的追求，瓶花在这里起到了画龙点睛的作用。诗人在书斋倦睡，抱怨梅花打扰了自己的清梦，实则是对丰富愉悦的书斋生活的委婉表

---

① （宋）吴自牧：《梦粱录》，杭州人民出版社 1980 年版，第 15 页。

达。梅花的清冷孤傲正好与"钓雪舟"的审美意味相合。如果没有梅花，或者选择了别的花材，"钓雪舟"的诗意就大大减弱了。如果说文人心中有一幅关于理想空间的设计图画，那么他们就是以建构整体感觉为出发点考虑插花的。

为了营造插花的最佳意境，花器的选择也变得重要了。唐代以前，人们对花器的选择比较随意。宋代开始花器的种类丰富起来，瓷瓶、铜盘、石缸、玉碗、木筒、竹篮都是插花的器皿。宋代画家李嵩（浙江钱塘人，人物、山水、花卉皆善长）有《花篮图》传世（见图八）。花篮由提手、篮沿、篮身、篮底几部分组成，体现了花器的审美价值和宋人编织竹篮的精巧工艺。在颜色的选择上，宋人偏爱清丽浅淡的颜色，瓷器以白瓷、青瓷为主。花器的造型与质感要与使用的花材相搭配，在整体上达到审美的最佳效果。

图八　花篮图

盆景与瓶花有异曲同工之妙。唐代欧阳詹在《春盘赋》中介绍了春天有制作"春盘"的习俗，以求吉祥喜庆。所谓"春盘"，即以盘为器皿的盆景,将盘盆视作大地,加置花卉、小树、菜蔬,以写实的手法模仿自然,造成微缩的自然景观。《开元天宝遗事》中提到了"移春槛",用今人的眼光看当属盆景的早期形式:"杨国忠子弟,每春至之时,求名花异木植于槛中,以板为底,以木为轮,使人牵之自转。所至之处,槛在目前,而便即欢赏,目之为移春槛。"[1] "移春槛"栽种的是"名花异木",是为欣赏方便。实用性更为突出,还有几分贵族炫耀的成分。

这种形式发展到宋代,有了艺术品的味道。在形式上与之类似的"谷板",孟元老《东京梦华录》是这样记载的:

> 以小板上傅土,旋种粟令生苗,置小茅屋、花木,作田舍家小人物,皆村落之态,谓之"谷板"。[2]

"谷板"以"小板上覆土",其作用如同雕塑的底座,油画的画框,将人们的审美注意力框定起来。如果从视知觉心理学的角度出发对"图—底"关系加以解释,"在特定的条件下,面积较小的面总是被看作'图',面积较大的面总是被看成'底'"[3]。也就是说"小板"除了傅土的实用功能外,在视觉上还有底板的作用。在小板之上的部分意在召唤人们用心欣赏的"图"。"旋种粟令生苗,置小茅屋、花木,作田舍家小人物、皆村落之态","谷板"呈现的"艺术世界",不单是自然花卉本身,宋人醉心于建构一个"人化的自然",这也是较前代的"移春槛"更为细腻精深之处。

宋人偏爱小型盆景,通过微缩的景观,感受天地自然的奥妙。一花一世界,一叶一菩提。南宋的王十朋提到过"藏参天覆地之意于盈

---

① (五代)王仁裕等:《开元天宝遗事十种》,丁如明辑校,上海古籍出版社 1985 年版,第 81 页。

② (宋)孟元老:《东京梦华录笺注》,伊永文笺注,中华书局 2006 年版,第 781 页。

③ [美]鲁道夫·阿恩海姆:《艺术与视知觉》,滕守尧、朱疆源译,四川人民出版社 1998 年版,第 302 页。

握间，亦草木之英奇者，予颇爱之，植以瓦盆，置之小成室"①。在王十朋看来，盆栽的意义在于从一朵微花中也能参详宇宙人生的奥秘，颇有小中见大、壶中天地的意味。邵雍在诗歌中，多次描写过"盆池"。盆池即只能养几朵花的小池，没有虫鱼、水鸟。但从小池那里一样能体会江湖意趣，可以明得失、知进退、忘烦忧、照自然。

如前文所说，宋人对宜居环境的理解没有停留在美化的层次上，理想的居住空间还要能体现出居住者的生活态度和个性气质。宋代花文化成熟，花木比德理论兴起，人们对花卉的审美意识不断深入，这些都使其能够在第二个方面发挥作用。

王禹偁写过一篇《黄州新建小竹楼记》，记述了自己建小楼的经过和在小竹楼中的生活。王禹偁首先介绍了黄州当地多竹的自然条件和以竹代瓦的习俗，述说竹楼简陋并非富贵人家所居。接下来他描述了小楼的自然环境和独特景观：

> 子城西北隅，雉堞圮毁，蓁莽荒秽，因作小楼二间，与月波楼通。远吞山光，平抑江濑，幽阒辽夐，不可具状。夏宜急雨，有瀑布声；冬宜密雪，有碎玉声；宜鼓琴，琴调虚畅；宜咏诗，诗韵清绝；宜围棋，子声丁丁然；宜投壶，矢声铮铮然：皆竹楼之所助也。
>
> 公退之暇，披鹤氅，戴华阳巾，手执《周易》一卷，焚香默坐，销遣世虑，江山之外，第见风帆沙鸟、烟云竹树而已。待其酒力醒，茶烟歇，送夕阳，迎素月，亦谪居之胜概也。②

王禹偁居于竹楼是其处于贬谪时期，经济实力有限，但是他写竹楼绝不是要表明其居住环境的简陋。竹子在中国文学和文人生活中有独特的审美意义。宋代开始，松、竹、梅并称为岁寒三友，后世渐以梅、兰、

---

① （宋）王十朋：《岩松记》，见《王十朋全集》，上海古籍出版社 2012 年版，第 766 页。

② （宋）王禹偁：《黄州新建小竹楼记》，见曾枣庄、刘琳主编《全宋文》（卷一五七，八册），上海辞书出版社 2006 年版，第 79 页。

竹、菊为花中四君子。《礼记·礼器》中将竹子与人的品质联系起来。可以说王禹偁借助竹子达成了抒发自己的情怀，标榜其君子品格的目的。

其实宋代以前也不乏爱竹植竹者，通过对比，我们能够发现宋人的进步。晋代书法家王徽之爱竹子到了如痴如狂的地步。听说哪里有好竹子，便驾车前往欣赏，无论在哪里居住都要命人栽竹，言道："何可一日无此君！"王徽之的行动还停留在爱竹、赏竹、植竹上，而王禹偁则更强调自己在竹楼中的审美感受和生活活动。竹楼可观山景、江景，远处风帆沙鸟、烟云竹树。在竹楼里，听雨声、雪声别有情趣。小竹楼虽然简陋，诗人从事的都是文化艺术活动；与之相对的广厦华屋"贮妓女，藏歌舞，非骚人之事，吾所不取"。王禹偁通过小竹楼中的活动，将自己塑造成不慕富贵、有着良好道德和艺术修养的温文儒雅的君子形象。

二　人力与造化相结合的设计理念

在花对环境的美化方面，宋代文人物尽其用、因地制宜、注重搭配，表达了讲求和谐的思想。前人就有利用植物特性的先例，《南方草木状》里提到灵波殿的柱子以桂树做成，就是利用桂树有香味的特性。南宋诗人范成大在日记中写过自己"独冒微雨游芎林及盘园"的经历，展示了芎林和盘园的独特景观：

> 芎林，故户部侍郎向公伯恭所作。本负郭平地，旧亦人家阡陌，故多古木修篁。厅事及芎林堂皆为槭荫所（迫）［遍］，森然以寒。宅傍入圃中，步步可观，构台最有思致。丛植大梅，中为小台，四面有涩道，梅皆交枝覆之。盖自梅洞中蹑级而登，则又下临花顶，尽赏梅之致矣。企疏堂之侧，海棠一径，列植如槿篱，位置甚嘉。……盘园者，前湖南倅任诏子严所居，去芎林里许。其始酒家之后有古梅，盘

结如盖，可覆一亩，枝四垂，以木架之，如坐大酴醾下。①

　　这段文字提到两处所在：芗林和盘园。盘园中的梅是古梅，范成大后来在《范村梅谱》中专门提到过："清江酒家有大梅如数间屋，傍枝四垂，周遭可罗坐数十人。任子严运使买得，作凌风阁临之，因遂进筑大圃，谓之盘园。余生平所见梅之奇古者，惟此两处为冠"②。古梅的特点是枝干虬盘弯曲，梅树全身如鳞片般布满苍苔，人们欣赏古梅，就是喜欢它的苍莽奇古之状。盘园的古梅，是范成大见过的最好的，像几间屋子那么大。"盘园"其实就是可以作屋子用的梅树。芗林是向子諲的居所，在南宋颇有名气。向子諲（1085—1152），字伯恭，号芗林居士，临江清江县人。他主张抗金，与李纲交善，率军民在潭州坚守八日。绍兴中，为户部侍郎，平江府，因反对秦桧议和落职临江，因其气节颇受士人推崇。他去世时获得很高的评价，后人常将他隐居芗林植梅与陶渊明种菊南山相比。芗林里的大梅树，外形奇大枝叶相覆，人可以如走进隧道般步入其中，出了"梅洞"登上台顶又可赏园中美景。观赏者的视点随着地势的起伏，自下而上又自上而下，可以从不同的角度赏梅，从而获得新鲜奇特的审美感受。

　　这种人力与造化结合的设计方式在后代备受推崇，植物的特性与人的巧思结合在一起。后世的李渔给自己的居室设计了"梅窗"。"梅窗"其实不是梅，而是榴树与橙树：

　　　　己酉之夏，骤涨滔天，久而不涸，斋头淹死榴、橙各一株，伐而为薪，因其坚也，刀斧难入，卧于阶除者累日。予见其枝柯盘曲，有似古梅，而老干又具盘错之势，似可取而为器者，因筹

————————

①　（宋）范成大：《骖鸾录》，见顾宏义、李文整理标校《宋代日记丛编》，上海书店出版社2013年版，第826—827页。

②　（宋）范仲淹：《梅谱》，见《范成大笔记六种》，中华书局2002年版（2008年重印），第255页。

所以用之。是时栖云谷中幽而不明，正思辟牗，乃幡然曰：道在是矣！①

死去的榴树和橙树坚固异常，想要劈伐为薪都十分困难，看似是无用之物。恰好李渔要开一扇窗子，发现两树似古梅状，幡然醒悟"道在是矣"。李渔的思路几乎是庄子的翻版。所不同的是庄子的大树只能种在"子虚乌有之乡"，而李渔把庄子的哲学说理在生活中实现了。

> 遂语工师，取老干之近直者，顺其本来，不加斧凿，为窗之上下两旁，是窗之外廓具矣。再取枝柯之一面盘曲、一面稍站者，分作梅树两株，一从上生而倒垂，一从下生而仰接，其稍平之一面则略施斧斤，去其皮节而向外，以便糊纸；其盘曲之一面，则匪特尽全其天，不稍栽斫，并疏枝细梗而留之。既成之后，剪彩作花，分红梅、绿萼两种，缀于疏枝细梗之上，俨然活梅之初着花者。同人见之，无不叫绝。②

李渔在家居设计中运用了艺术的思维。名为"梅窗"就要尽力仿效梅的形象，从树干的修理到"花朵"的点缀。"一从上生而倒垂，一从下生而仰接"，"梅枝"一俯一仰，俨然是绘画的构图思维；梅花分成红绿两色，李渔选择这两个颜色的用意不在于刻意强调梅的品种，而是红绿两色的视觉刺激以及这两种颜色组合在一起所诱发的审美意味。实际上李渔的选择相当具有挑战性和实验性，因为"红"与"绿"对比强烈，组合在一起极难驾驭。但在文学里，"红"与"绿"时常并置，"红了樱桃，绿了芭蕉"（蒋捷《一剪梅·舟过吴江》），"应是绿肥红瘦"（李清照《如梦令》），"绿蜡春尤卷，红妆夜未

---

① （清）李渔：《闲情偶寄》，李树林译，重庆出版社2008年版，第270—271页。
② （清）李渔：《闲情偶寄》，李树林译，重庆出版社2008年版，第271页。

眠"（曹雪芹《怡红快绿》）。"梅窗"着意选择"红"与"绿"，一是考虑到人对"梅窗"的视觉感受兼顾造型与色彩，二是引导人由生活实际用品联想到文学艺术中的意象，再将对艺术意象的审美想象与体验迁移回"梅窗"上，联想、迁回的过程同时也是审美过程，"梅窗"成了生活中的"艺术品"。

第二节　园林的实景与虚境

魏晋时期生活空间被人们赋予了审美意义，其代表就是门阀士族的山水园林。宋人延续了魏晋喜好园林的传统，并且与魏晋时的山水园林相比，宋人的园林大多修建于城市或近郊，生活更加便利，实现了审美性与实用性的完美结合。

花在园林审美中主要发挥两个作用，一是花木作为重要的造园素材构成了园林的主要景观；二是花木参与营构的景观诱发了园林的意境。园林审美是景观对人的感发过程，也是人对景观的投射过程，意境是由景观诱发的虚实相生的审美空间。

一　花木构成了园林的主要景观

花与园林的关系十分密切。可以说，无花不成园，没有花的园林了无生趣，也是不存在的；反之，园林又是赏花的主要场所，是花木种植的重要基地。

在古人的审美意识中，花本身就是园林的一部分；反之，亦然。园林的兴盛推动了花卉的种植。《平泉山居草木记》记录了李德裕在自己的园林中收集了大量的花木。在二十年的时间里，他先后引种了天台之金松、琪树，嵇山之海棠、榧树、桧树，剡溪之红桂、厚朴，海峤之香桎、木兰，天目山之青神、风集，钟山之月桂、青飔、杨梅，曲阿之山桂、温树，金陵之珠柏、栾荆、杜鹃，茅山之山桃、侧柏、南烛，宜春之柳柏、红豆、山樱，蓝田之栗、梨、龙柏，白苹洲之重台莲，芙蓉湖之白莲，茅山东溪之芳荪。至开成四年（839），又得到番禺之山茶，宛陵之紫丁香，会稽之百叶木芙蓉、百叶蔷薇，永嘉之紫桂、簇蝶，天台之海石楠，桂林之俱那卫，钟陵之同心木芙蓉，剡中之真红桂，稽山之四时杜鹃、相思、紫苑、贞桐、山茗、重台蔷薇、黄杨等。①

到了宋代，园林广植花木，也有所侧重，园林特色更鲜明，分工更细微了。四大名园之一的琼林苑"在顺天门大街面北，与金明池相对。大门牙道皆古松怪柏。两傍有石榴园，樱桃园之类。各有亭榭，多是酒家所占……宝砌池塘，柳锁虹桥，花萦凤舸。其花皆素馨、茉莉、山丹、瑞香、含笑、射香等。闽广二浙所进南花，有月池、梅亭牡丹之类。诸亭不可悉数。"② 四大名园的一处宜春苑以花木闻名，是宋代君臣的赏花钓鱼之所。而另外一处名胜瑞圣园是皇室习猎之所，更像是一个动物园。北宋末年的"艮岳"是最优美的帝王苑囿。集全国之力取天下奇花异石。《艮岳记》中说："取瑰奇特异瑶琨之石，即姑苏、武林、明越之穰，荆、楚、江、湘、南粤之野。移枇杷、橙、柚、橘、柑、椰、栝、荔枝之木，金蛾、玉羞、虎耳、凤尾、素馨、渠那、茉莉、含笑之草。不以土地之殊，风气之异，悉生成长养于雕阑曲槛。"③

园林中种植了如此多的花木是因为花是园林的主要景观。苏轼曾在《次韵子由岐下诗》中介绍苏辙的造园情况，二十一首诗，分别写了园林的主要景观：北亭、横池、短桥、轩窗、曲槛、双池、荷花、鱼、牡丹、桃花、李、杏、梨、枣、樱桃、石榴、樗、槐、松、桧、柳，其中绝大部分是植物花木。具体描写花的有四首：

荷花
田田抗朝阳，节节卧春水。平铺乱萍叶，屡动报鱼子。

① （唐）李德裕：《平泉山居草木记》，见陈从周、蒋启霆选编，赵厚均注释《园综》，同济大学出版社2004年版，第41—42页。
② （宋）孟元老：《东京梦华录笺注》，伊永文笺注，中华书局2006年版，第677页。
③ （宋）赵佶：《艮岳记》，见陈从周、蒋启霆选编，赵厚均注释《园综》，同济大学出版社2004年版，第56页。

牡丹

花好长患稀，花朵信佳否？未有四十枝，枝枝大如斗。

桃花

争开不待叶，密缀欲无条。傍沼人窥见，惊鱼水溅桥。

石榴

风流意不尽，独自送残芳。色作裙腰染，名随酒盏狂。

苏辙的园林有亭、有池、有桥、有廊。亭边植牡丹，池中种莲，水畔栽桃。花的种类丰富，其起到的作用又有细微的差别。桃花种在水边，人们可以欣赏花在水中的倒影，也可以欣赏水流花落；石榴花色红如火，主要是赏色；荷花则与池中的鱼构成了一个有生命的动态世界。诗中提到的牡丹，苏轼特意强调过是用一斗酒换回来的，说明没有花木的园林是不能被宋人接受的。

"盘洲"是南宋的洪适在退隐归乡之后修建的私人园林。占地约有百亩，夹在两溪之间，水源充足。园内有"洗心阁""有竹轩""双溪堂""啸风岩""涧柳桥""一咏溪""索笑亭""野绿堂""隐雾轩""楚望楼"等多处景观。洪适从各地引进珍稀花木品种，栽入盘洲中，他在《盘洲记》一文中特别从颜色的角度强调了盘洲的花木：

禁苑、洛京、安、蕲、歙之花，广陵之芍药，白有：梅桐、玉茗、素馨、文官、大笑、末利、水栀、山礬、聚仙、安榴、衮绣之球；红有：佛桑、杜鹃、颓桐、丹桂、木槿、山茶、海棠、月季。葩重者：石榴、木蕖；色浅者：海仙、郁李；黄有：木犀、棣棠、蔷薇、踯躅、儿莺、迎春、蜀葵、秋菊；紫有：含笑、玫瑰、木兰、凤薇、瑞香为之魁。两两相比，芬馥鼎来。卉则：丽春、蒭金、山丹、水仙、银灯、玉簪、红蕉、幽兰，落地之锦，麝香之

图九　丛菊图

　　萱。既赤且白：石竹、鸡冠；涌地幕天：荼蘼、金沙。①

　　通过洪适的介绍，可以发现宋人对颜色的描述很细腻。花主要有红、白、黄、紫、绿。红还分为深红、浅红，此外还有红白相间的。宋人有意识地利用植物的多样色彩在园林中发挥作用。

　　花的美感诉之于视觉、听觉与嗅觉。花可以让人们在赏园中感受到声响、光影、香味。"疏影横斜水清浅，暗香浮动月黄昏"就是借

---

　　① （宋）洪适：《盘洲记》，见陈从周、蒋启霆选编，赵厚均注释《园综》，同济大学出版社2004年版，第72页。

助梅花的影子和香气为山园增添了风雅超脱的韵味。苏州拙政园里有一处景点叫"听雨轩":轩前有一泓清水,池内植有荷花,池边栽种芭蕉、翠竹;轩后也有一丛芭蕉。雨点打在不同的植物上,就能听到不同声响的雨,各具情趣,境界绝妙。清代的郑燮描述了院子里的翠竹动态多变的美感"而风中雨中有声,日中月中有影,诗中酒中有情,闲中闷中有伴,非唯我爱竹石,即竹石亦爱我也"①。植物在不同的自然条件下,表现出来的景致是不同的。

园林的楹联往往以花木为吟咏对象,增强诗情画意引人联想,对园林景观起到画龙点睛的作用。如济南大明湖的楹联"四面荷花三面柳,一城山色半城湖",如实反映了济南大明湖水中多荷、岸上多柳的特点;再比如拙政园"得真亭",有联"松柏有真性,金石见盟心",借松柏冬夏常青的特点,表达造园者的心声;再比如沧浪亭"翠玲珑馆"的楹联是"风篁类长笛,流水当鸣琴",也有点景之妙。修竹让人联想到竹制乐器长笛,流水声想象成鸣琴,竹声、水声相互映衬,构成了园之佳景。

园林本是空间艺术,园林中的花卉不仅为园林提供了景观,而且为园林注入了时间要素。园林在花木的点缀下,具备了四时不同的美景。洪适有《生查子》(盘洲曲)十二首咏盘洲景物,特意描述了不同季节的赏花活动:

带郭得盘洲,胜处双溪水。月榭闲风亭,叠嶂横空翠。团栾情话时,三径参差是。听我一年词,对景休辞醉。

正月到盘洲,解冻东风至。便有浴鸥飞,时见潜鳞起。高柳送青来,春在长林里。绿萼一枝梅,端是花中瑞。

二月到盘洲,繁缬盈千萼。恰恰早莺啼,一羽黄金落。花边自在行,临水还寻壑。步步肯相随,独有苍梧鹤。

---

① (清)郑燮:《郑板桥集》,上海古籍出版社1979年版,第168—169页。

　　三月到盘洲，九曲清波聚。修竹荫流觞，秀叶题佳句。红紫渐阑珊，恋恋莺花主。芍药拥芳蹊，未放春归去。

　　四月到盘洲，长是黄梅雨。屐齿满莓苔，避湿开新路。极望绿阴成，不见乌飞处。云采列奇峰，绝胜看庐阜。

　　五月到盘洲，照眼红巾蹙。勾引石榴裙，一唱仙翁曲。藕步进新船。斗楫飞云速。此际独醒难，一一金钟覆。

　　六月到盘洲，水阁盟鸥鹭。面面纳清风，不受人间暑。彩舫下垂杨，深入荷花去。浅笑擘莲蓬，去却中心苦。

　　七月到盘洲，枕簟新凉早。岸曲侧黄葵，沙际排红蓼。团团歌扇疏，整整炉烟袅。环坐待横参，要乞蛛丝巧。

　　八月到盘洲，柳外寒蝉懒。一掬木犀花，泛泛玻璃残。蟾桂十分明，远近秋毫见。举酒劝嫦娥，长使清光满。

　　九月到盘洲，华发惊霜叶。缓步绕东篱，香蕊金重叠。橘绿又橙黄，四老相迎接。好处不宜休，莫放清尊歇。

　　十月到盘洲，小小阳春节。晚菊自争妍，谁管人心别。木末簇芙蓉，禁得霜如雪。心赏四时同，不与痴人说。

　　子月到盘洲，日影长添线。水退露溪痕，风急寒芦战。终日倚枯藤，细看浮云变。洲畔有圆沙，招尽云边雁。

　　腊月到盘洲，寒重层冰结。试去探梅花，休把南枝折。顷刻暗同云，不觉红炉热。隐隐绿蓑翁，独钓寒江雪。

一岁会盘洲，月月生查子。弟劝复兄酬，举案灯花喜。曲终人半酣，添酒留罗绮。车马不须喧，且听三更未。①

园林中亭台水榭的建筑是静止不变的，每日身处其间景致难免单调。洪适的组诗中先后提到了梅、迎春、芍药、石榴、莲、黄葵、木槿、菊、芙蓉等不同月份的代表性花卉。不同季节盛开的花朵，给园林注入了流动的、变化的美。诗人对时间的感知，是以花为线索的。诗歌采取了借景抒情的方式，看似岁岁年年在盘洲欣赏花开花落的美景，实则感受到的是时间的流转，岁月的痕迹。

二 园林意境的营造

花不但构成了园林的实景，还参与营造了园林、庭院的意境。园林意境是造园者将自己对社会、人生的理解，通过创造性思维，倾注在园林景象中的物态化的意识结晶，使游园者触景生情，从而生成情景交融的艺术境界。

宋代文人生活条件较为优裕，文化素养较高，相对于社会其他阶层，他们有时间、有才情追求高雅的生活空间。宋代文人不屑于追求夸奇斗富的华宇广厦，他们主要是追求自然之境。"自然"在宋代有以下几个意思：一是有"理所应当""当然"之意；二是指天道的运行法则或形式；三是指天地万物、自然界。在生活空间中的"自然"追求，主要侧重第三个意思。园林的旨趣之一即在居住环境中享受自然的乐趣。

中国古代早期的园林形式，往往通过布景着力模仿自然界。汉代的皇家园林，都以真山水布景，蓄养飞禽走兽。模仿自然的概念，至晚在魏晋时期就已出现了。晋人戴颙隐居吴下，与吴下士人"共为筑

---

① 刘永济编：《宋代歌舞剧选录要·元人散曲选》，中华书局 2007 年版，第 73—74 页。

室，聚石引水，植林开涧，少时繁密，有若自然"①。

宋代文人同样追求自然的境界，但与魏晋时期不同的是宋人并不刻意追求将园林建筑于名山大川、真山真水之间。文人园林更多的是建筑于城市之中，在宋人及后世的意识中，欣赏自然无须远离尘嚣都市：

一径抱幽山，居然城市间。（宋·苏舜钦《沧浪亭》）

人道我居城市里，我疑身在万山中。（元·维则《狮子林即景》）

绝连人境无车马，信有山林在市城。（明·文徵明《拙政园图咏·若墅堂》）

宋人创造了所谓"坐游"或"卧游"的欣赏自然的方式，足不出户身居闹市也可以领略自然的美，生活的便利舒适与心灵的自由能够同时满足。宋代郭思的《林泉高致》云：

君子之所以爱夫山水者，其旨安在？邱园养素，所常处也；泉石啸傲，所常乐也；渔樵隐逸，所常适也；猿鹤飞鸣，所常亲也。尘嚣缰锁，此人情所常厌也。烟霞仙圣，此人情所常愿而不得见也。直以太平盛日，君亲之心两隆，苟洁一身，出处节义斯系。岂仁人高蹈远引，为离世绝俗之行，而必与箕、颍、埒素、黄绮同芳哉？白驹之诗，紫芝之咏，皆不得已而长往者也。然则林泉之志、烟霞之侣，梦寐在焉，耳目断绝。今得妙手，郁然出之，不下堂筵，坐穷泉壑，猿声鸟啼，依约在耳，山光水色，滉漾夺目，斯岂不快人意，实获我心哉！此世之所以贵夫画山水之本意也。②

① （梁）沈约：《宋书·列传·隐逸》（八册），中华书局1974年版（2008年重印），第2277页。

② （宋）郭思著：《林泉高致》，林琨注译，中国广播电视出版社2013年版，第6页。

　　《林泉高致》是宋代一部较为系统地讨论山水画创作的专著，集中了北宋著名画家郭熙的简介，由其子郭思搜集整理而完成，大约完成于宋徽宗政和七年。郭熙（1023—1085），字淳夫，其创作旺盛时代在熙宁、元丰年间。《林泉高致》涉及了山水画创作的诸多方面，同时也反映了宋代对自然审美的心态与观念。文章分析了君子喜爱山水的原因在于可以不受约束，在喧闹的尘嚣中自由地游走。但是在现实环境中，出仕和隐退无法两全，避世的想法也是不可取的。那归隐泉林的志向如何实现呢？得道成仙的想法，岂不是只能出现在睡梦之中，而无法实现于耳畔眼前吗？他们想到的办法就是将自然的美景复现出来。即便足不出户，也能看尽山泉丘壑，听到猿啼鸟，仿佛置身于湖光山色之中。这样的观念与艺术手法不仅适用于山水画，在园林艺术中同样适用。园林也给士人提供了一个可居可游的"中隐"环境。苏轼在《灵璧张氏园记》中明确了这一观念：

　　　　古之君子，不必仕，不必不仕。必仕则忘其身，必不仕则忘其君。……今张氏之先君，所以为子孙之计虑者远且周，是故筑室艺园于汴、泗之间，舟车冠盖之冲。凡朝夕之奉，燕游之乐，不求而足。使其子孙开门而出仕，则跬步市朝之上，闭门而归隐，则俯仰山林之下。于以养生治性，行义求志，无适而不可。①

　　"中隐"是宋代文人的生活理想，园林为其提供了实现理想的空间。中国文人选择在自然中寻求心灵的安慰，不同于西方人借助宗教的方式。那么园林又是使用何种手段达到自然之境的呢？当然是要借助叠山理水花木亭阁等造园形式。其中花木的作用不容小觑，以灵璧张氏园为例，用竹子、桐树、柏树、奇花异草营造了自然的感觉。

　　除自然之境外，宋代文人还偏爱幽深奥曲的意境。宋人不喜直露

---

　　① （宋）苏轼：《灵璧张氏园亭记》，见李之亮笺注《苏轼文集编年笺注》（二册），巴蜀书社 2011 年版，第 153 页。

浅薄，如果张扬粗陋则被视为煞风景。拙政园中"与谁同坐轩"出自
苏轼的《点绛唇·闲倚胡床》中的名句，"闲倚胡床，庾公楼外峰千
朵。与谁同坐，明月清风我"，暗合了幽独的心境。李格非在《洛阳
名园记》中指明了宋人喜欢园林"幽邃""苍古"的意境：

　　　　洛人云：园圃之胜不能相兼者六：务宏大者，少幽邃；人力
　　　胜者，少苍古；多水泉者，艰眺望。兼此六者，惟湖园而已。予
　　　尝游之，信然。在唐为裴晋公宅园。园中有湖，湖中有堂，曰
　　　"百花洲"，名盖旧，堂盖新也。湖北之大堂曰："四并堂"名盖
　　　不足，胜盖有余也。其四达而当东西之蹊者，"桂堂"也。截然
　　　出于湖之右者，"迎晖亭"也。过横地、披林莽、循曲径而后得
　　　者，"梅台""知止庵"也；自竹径望之超然、登之翛然者，"环
　　　翠亭"也。渺渺重邃，循檀花卉之盛，而前据池亭之胜者，"翠
　　　樾轩"也。其大略如此。若夫百花酣而白昼炫，青颠动而林阴
　　　合，水静而跳鱼鸣，木落而群峰出，虽四时不同，而景物皆好，
　　　则又其不可殚记者也。①

　　湖园内有百花洲、四并堂、桂堂、迎晖亭、梅台、知止庵、环翠
亭、翠樾轩等景观。湖园在当时因"兼此六者"而备受推崇，主要是
具备了超越于亭台水榭实景的"望之超然""渺渺重邃"的意境。环
翠亭伫立在翠竹之中，翠樾轩前有池亭还中有花木。造园者巧妙地将
花木与这些建筑相搭配才能形成"百花酣而白昼眩"，"青萍动而林
阴合"的幽深奥曲之美。
　　花木的审美气质能够营造园林幽邃冷清的美。南宋诗人范成大爱
梅，他晚年在石湖居住，将三分之二的居住地用来植梅。宋光宗绍熙
二年（1191）冬，姜夔去拜访范成大。在范成大的石湖别墅中，有感

―――――――――――
　　① （宋）李格非：《洛阳名园记》，见陈从周、赵启霆选编，赵厚均注释《园综》，同济大
学出版社2004年版，第49页。

于梅花的清冷幽韵，遂作《暗香》《疏影》两首词：

> 旧时月色，算几番照我，梅边吹笛？唤起玉人，不管清寒与攀摘。何逊而今渐老，都忘却、春风词笔。但怪得、竹外疏花，香冷入瑶席。江国，正寂寂，叹寄与路遥，夜雪初积。翠尊易泣，红萼无言耿相忆。长记曾携手处，千树压、西湖碧寒。又片片、吹尽地，几时见得？（姜夔《暗香》）

> 苔枝缀玉，有翠禽小小，枝上同宿。客里相逢，篱角黄昏，无言自倚修竹。昭君不惯胡沙远，但暗忆、江南江北。想佩环、月夜归来，化作此花幽独。尤记深宫旧事，那人正睡里，飞近蛾绿。莫似春风，不管盈盈，早与安排金屋。还教一片随波去，又却怨，玉龙哀曲。等恁时、重觅幽香，已入小幅横窗。（姜夔《疏影》）

姜夔笔下的梅花具有幽冷的气息。在暗香、疏影、冷月、白雪的图景中整个石湖天地成为一个寂寞幽独的所在。人在这样的天地中对宇宙与人生会产生深邃杳渺之感。石湖种植了古梅，古梅有"苔枝"，梅枝上的"苔"突出了苍古的感觉。"苔"只能在光线阴暗、人迹稀少、时间久远的条件下产生，所以在园林中常常用以营造幽深的意境。日本的西芳寺又称苔寺，独以满地苔衣而闻名。

园主或园林观赏者的心性寄托也成为园林美之所在，司马光退居洛阳的"独乐园"即一例。李格非《洛阳名园记》介绍"独乐园"道：

> 司马温公在洛阳，自号迂叟，谓其园曰，"独乐园"。园卑小，不可与他园班。其曰"读书堂"者，数十椽屋；"浇花亭"者，益小；"弄水""种竹"轩者，尤小；曰："见山台"者，高不逾寻丈；曰："钓鱼庵"、曰："采药圃"者，又特结竹杪落蕃

蔓草为之尔。温公自为之序，诸亭、台诗，颇行于世。所以为人欣慕者，不在于园耳。①

独乐园"卑小不可与他园班"却闻名遐迩，"为人欣慕者"不在于独乐园本身，而在于它是园主司马光在贬谪之时高洁操守的寄托。司马光不止一次在文章和诗中以独乐园为吟咏对象，可见此园在他心中的分量。熙宁三年（1070），司马光与王安石在新法方面的意见不合，熙宁四年（1071）在洛阳定居，不问政事。熙宁六年（1073）兴建"独乐园"，开始了他十五年的著书闲居生活。在儒家著述中，孟子的"独乐乐，不如与人乐乐；与少乐乐，不若与众乐乐"（《孟子·梁惠王下》）可谓深入人心。但司马光偏要反其道而行，指出"与众乐乐"是"王公大人之乐"，自己宁愿选择"独乐"，"独乐"是"迂叟之乐"②：

> 迂叟平日多处堂中读书，上师圣人，下友群贤，窥仁义之原，探礼乐之绪。自未始有形之前，暨四达无穷之外，事物之理，举集目前。所病者学之未至，夫又何求于人，何待于外哉？志倦体疲，则投竿取鱼，执衽采药，决渠灌花，操斧剖竹，濯热盥手，临高纵目，逍遥徜徉，唯意所适。明月时至，清风自来，行无所牵，止无所柅，耳目肺肠，悉为己有。踽踽焉，洋洋焉，不知天壤之间，复有何乐可以代此也？因合而命之曰"独乐园"。

司马光描述自己在独乐园中过着读书、会友、垂钓、养花的快乐生活。这种看似悠闲自在的生活方式在当时的政治背景下有特殊的意味。司马光与王安石政见不同，虽然被任命为枢密副使，还是于熙宁

---

① （宋）李格非：《洛阳名园记》，见陈从周、蒋启霆选编，赵厚均注释《园综》，同济大学出版社2004年版，第49页。

② （宋）司马光：《独乐园记》，见李之亮笺注《司马温公集编年笺注》（五册），巴蜀书社2008年版，第205—206页。

三年力辞不受，在洛阳过着半隐居的生活。司马光认为要匡正时弊，首要在于救治人心。他认为"独乐"的生活方式是君子人格的体现。《独乐园七题》中分别表达了对董仲舒、严子陵、韩伯休、陶渊明、杜牧之、王子猷、白乐天，七位古人的钦佩赞叹，每首诗都以"吾爱×××"开头直抒胸臆，如司马光在《浇花亭》中写道：

> 吾爱白乐天，退身家履道。釀酒酒初熟，浇花花正好。
> 作诗邀宾朋，栏边长醉倒。至今传画图，风流称九老。

　　实际上，当时一批因反对王安石变法而居住在洛阳的文人都选择了司马光的生活方式。《梦溪笔谈》记录了当时文人的交游活动："文潞公归洛日，年七十八，同时有中散大夫程珦、朝议大夫司马旦、司封郎中致仕席汝言，皆年七十八。尝为'同甲会'，各赋一首。潞公诗曰：'四人三百十二岁，况是同生丙午年。招得梁园为赋客，合成商岭采芝仙。清谭亹亹风盈席，素发飘飘雪满肩。此会从来诚未有，洛中应作画图传。'"① 梁园即梁苑。西汉梁孝王所建的东苑，为招延一时名士游赏之所；商岭采芝仙，用了商山四皓的典故，指四位年过八十岁、眉发皆白的隐士。文潞公，即文彦博（1006—1097），字宽夫，号伊叟，汾州介休（今属山西）人，北宋时期政治家、书法家。程珦（1006—1090），字伯温，洛阳人，理学家程颢、程颐之父。因反对王安石变法，称病致仕。司马旦（1006—1087），字伯康，夏县（今属山西）人，司马光之兄，以大中大夫致仕。席汝言，字君从，洛阳人，北宋著名文学家，致仕后，与文彦博、富弼等人组织"耆英会"，后来又与文彦博、司马旦等人组织"同甲会"，还与司马光兄弟、王安之、王不疑等人组织了"真率会"。这些文人交游集会，饮酒赋诗，应和唱答，游园赏花，大有引领一时生活风尚之势。他们对独乐园的关注与赞美，标榜文人的闲情逸趣，表面上向往"独乐"

---

① （宋）沈括：《元刊梦溪笔谈》（卷十五），文物出版社 1975 年版，第 9—10 页。

人生方式，实则也是在表明自己的政治立场。

第三节　花与宋代城市

　　时人心目中有所谓"九福"的观念："京师钱福、眼福、病福、屏帷福，吴越口福、洛阳花福，蜀川药福、秦陇鞍马福、燕赵衣裳福。"① 可见花在当时作为重要的生活资料与老百姓的衣食住行并重。洛阳牡丹引得世人称羡，生活在洛阳能够亲近牡丹花成为了一种"福气"。不仅是洛阳牡丹，扬州的芍药、成都的海棠都是当地名胜。成都碧鸡坊的海棠让游历丰富见多识广的陆游赞叹不已："我初入蜀鬓未霜，南充樊亭看海棠。当时已谓目未睹，岂知更有碧鸡坊。碧鸡海棠天下绝，枝枝似染猩猩血。蜀姬艳妆肯让人，花前顿觉无颜色。扁舟东下八千里，桃李真成奴仆尔。若使海棠根可移，扬州芍药应羞死。风雨春残杜鹃哭，夜夜寒衾梦还蜀。何从乞得不死方，更看千年未为足。"（陆游《海棠歌》）

　　在宋代生活空间与花的联系密切又天然，与其说宋代文人意识到生活空间处处少不了花的点缀，不如说文人渴求的审美性的空间需要花的存在。花不仅是厅堂院落的摆设，也不仅仅栽种于庭院园林，更进一步地，花成为城市生活中不可缺少之物，城市以花闻名，市民以花为骄傲。

一　花与宋代市民休闲生活

　　花作为城市的重要景观丰富了市民的休闲生活。宋代是中国历史上真正的城市发展时期，北宋都城开封、南宋的杭州都是人口逾百万的大城市，"临安城郭广阔，户口繁夥，民居屋宇高森，接栋连檐，寸尺无空"②。城市的发展孕育出城市文化，城市文化不同于农村生

---

　　① （宋）陶穀：《清异录》（卷上），见上海古籍出版社编《宋元笔记小说大观》（一册），上海古籍出版社2001年版，第17—18页。
　　② （宋）吴自牧：《梦粱录》，浙江人民出版社1980年版，第89页。

活的简单质朴，推崇享受娱乐。《东京梦华录》描写出开封的世态人情：

> 太平日久，人物繁阜。垂髫之童，但习鼓舞；斑白之老，不识干戈。时节相次，各有观赏：灯宵月夕，雪际花时，乞巧登高，教池游苑。举目则青楼画阁，绣户珠帘。雕车竞驻于天街，宝马争驰于御路。金翠耀目，罗绮飘香。新声巧笑于柳陌花衢，按管调弦于茶坊酒肆。八荒争凑，万国咸通。集四海之珍奇，皆归市易。会寰区之异味，悉在庖厨。花光满路，何限春游。箫鼓喧空，几家夜宴……

这是一个国际化都市的繁华，浮荡着各种感性欲望。人人都要在这太平盛世中，享受城市的舒适愉悦，活色生香。城市中的居民主要从事商业和手工业，有更多的时间休闲娱乐。赏花也是市民休闲的一种方式。城市的赏花胜地可供市民休闲之用。西湖岸边就是这样一个好去处：

> 杭州苑囿，俯瞰西湖，高挹两峰，亭馆台榭，藏歌贮舞，四时之景不同，而乐亦无穷矣。……嘉会门外有山，名包家山，内侍张侯壮观园、王保生园。山上有关，名桃花关，旧扁蒸霞，两带皆植桃花，都人春时游者无数，为城南之胜境也。城北城西门外赵郭园。又有钱塘门外溜水桥东西马塍诸园，皆植怪松异桧，四时奇花，精巧窠儿，多为龙蟠凤舞飞禽走兽之状，每日市于都城，好事者多买之，以备观赏也。①

宋代没有公共花园，但是皇家园林和私人园林，都会定时对外开放，可以供市民游玩。《夷坚志》里提到了当时苏州，名园主人会在

---

① （宋）吴自牧：《梦粱录》，浙江人民出版社 1980 年版，第 176—179 页。

芍药盛开的季节对外开会。无论男女妇孺，成群结队去园中游赏。《剑南诗稿》中陆游提到了成都城内有多家花园：西园、张园、东园、房园、可园、赵园、刘园、王园、合江园、瑶林庄、万里桥南刘氏小园……逛花园从清晨到中午还没有逛完，可见数目不少。

　　洛阳是北宋的重要城市，其政治和文化地位不下于都城开封。洛阳人将赏花视作头等大事。不分士庶，无论贫富。全民狂欢性的赏花活动是市民积聚的审美冲动的宣泄。这是宋代新兴的市民阶层满足自身精神需要的体现，客观上造成了对现有社会秩序的温柔的有限度的反抗。正如学者王确指出的那样："审美冲动（情感）的宣泄是守恒的，上流社会的日常生活为其经常性的审美活动提供了保障，因而他们不必以爆发式的方式来实现审美冲动的平衡，相反常常是较有节制的；社会底层的日常生活不能提供经常性的审美活动的条件，需要凭借民间仪式、节日庆典、集市和庙会等现场来实现情感的宣泄，因而在有限的时间和场合里常常是以'狂欢性'的方式来参与那些具有审美性质的活动。"①

　　全民赏花狂欢的风俗也是宋代的治国者们有意为之的策略。私人花园对普通市民开放暗含了统治者的治国之策。宋代名相韩琦在《相州新修园池记》中提到自己修建园池乃是施政策略。修建园池的目的并不为自己享乐，而是为了让州中男女老幼有游园之所，在愉悦身心的同时感念皇恩浩荡、朝廷恩泽。市民的休闲娱乐活动又成了教化手段。宋代休闲活动讲求君臣同欢、士庶同乐。这是宋代社会整体呈现出平民化趋势的表现。

二　形象的交织：以"扬州芍药"为考察中心

　　花与城市本来是独立的事物，但在宋代出现了花与城市形象交织的现象，两者之间是互渗共生的关系。花成为城市的文化名片，"花

---

　　①　王确：《茶馆、劝业会和公园——中国近现代生活美学之一》，《文艺争鸣》2010 年第13 期。

之名天下者，洛阳牡丹，广陵芍药耳"①，城市也丰富了花的文化。特定的城市与花卉结成了稳定的文化意象，有着特殊的文化与审美意义。姜夔的《扬州慢》脍炙人口：

> 淳熙丙申至日，予过维扬。夜雪初霁，荠麦弥望。入其城则四顾萧条，寒水自碧。暮色渐起，戍角悲吟。予怀怆然，感慨今昔，因自度此曲。千岩老人以为有《黍离》之悲也。
>
> 淮左名都，竹西佳处，解鞍少驻初程。过春风十里。尽荠麦青青。自胡马窥江去后，废池乔木，犹厌言兵。渐黄昏，清角吹寒，都在空城。
>
> 杜郎俊赏，算而今重到须惊。纵豆蔻词工，青楼梦好，难赋深情。二十四桥仍在，波心荡、冷月无声。念桥边红药，年年知为谁生？

在词的小序中，姜夔交代了此词的创作背景和词人的心态。桥边的红芍药，引起了词人的黍离之悲。芍药成了扬州繁华的象征，喻示扬州的盛世图景。"扬州芍药"已经是具备独立意义的文化意象。这个意象是如何形成的？芍药如何又与扬州交织在一起的？在众多花卉中，为何独独芍药脱颖而出？看似理所当然的现象背后蕴藏了怎样的因果？

扬州并非只有芍药花。扬州地处江淮平原，属亚热带湿润性气候，雨水丰沛，适合草木生长。《扬州府志》记载当地风物，花卉有琼花、芍药、牡丹、木香、夜合、金沙、石竹、海棠、棣棠、玉蝴蝶、玉兰、海仙、木犀、山茶、安石榴、辛夷、芙蓉，等等。

在芍药之前，扬州曾以琼花闻名。第一个注意到琼花的宋代诗人是王禹偁。他在《后土庙琼花》一诗中云："扬州后土庙有花一株，洁白可爱且树大而花繁，不知实何木也。俗谓之琼花云。"《齐东野

---

① （宋）陈师道：《后山丛谈》（卷二），李伟国点校，中华书局2007年版，第33页。

语》里也明确提到过琼花世所罕有，天下无双。帝王三番五次想移入皇宫禁院，皆不能存活，唯有扬州的地气能供养此花：

> 扬州后土祠琼花，天下无二本，绝类聚八仙，色微黄而有香。仁宗庆历中，尝分植禁苑，明年辄枯，遂复载还祠中，敷荣如故。淳熙中，寿皇亦尝移植南内，逾年，憔悴无花，仍送还之。其后，宦者陈源命园丁取孙枝移接聚八仙根上遂活，然其香色则大减矣，杭之褚家塘琼花园是也。今后土之花已薪，而人间所有者，特当时接本髣髴似之耳。①

　　梅花也曾与扬州有过一段机缘，还惹出一段公案。何逊，南朝梁代著名诗人，有《扬州法曹梅花盛开》一诗："兔园标物序，惊时最是梅。衔霜当路发，映雪拟寒开。枝横却月观，花绕凌风台。朝洒长门泣，夕驻临邛杯。应知早飘落，故逐上春来。"后人对这首诗评价很高，杜甫还在自己的诗中引用何诗作典故，"东阁官梅动诗兴，还如何逊在扬州"（杜甫《和裴迪登蜀州东亭送客早梅相忆见寄》）。杜诗在宋代影响颇大，对杜诗的理解引发了一连串的反应。托苏轼之名的《老杜事实》即认为杜诗指出何逊此诗是在为官扬州时所作，这一说法在宋代影响很大，被很多诗话采纳。之后《方舆胜览》又据此演绎出了何逊因为对梅花念念不忘不惜从洛阳调任扬州，在梅树下彷徨终日的故事。其实这个颇富文人浪漫气息的故事只是一场误会而已。时人已经指出《方舆胜览》中的说法是对杜诗的"误读"，张邦基《墨庄漫录》云：

> 杜甫诗："东阁观梅动诗兴，还如何逊在扬州。"多不详逊在扬州之说。以本传考之，但言逊天监中为尚书水部郎，南平王引为宾客，掌书记室。荐之武帝，与吴均俱进倖，后稍失意，帝

---

① （宋）周密：《齐东野语》，张茂鹏点校，中华书局1983年版，第321—322页。

曰：吴均不均，何逊不逊。逊卒于庐陵王记室，亦不言在扬州
也。……余后见别本逊文集……乃云："逊，东海郯人，举本州
秀才，射策为当时之魁，历官奉朝请。时南平王殿下为中权将
军、扬州刺史，望高右戚，实曰贤主，拥篲分庭，爱客接士，东
阁一开，竞收扬、马；左席皆起，争趋邹、枚。君以词艺早闻，
故深亲礼，引为水部行参军事，仍掌文记室"，乃知逊尝在扬州
也。盖本传但言南平引为记室，略去扬州尔。然东晋、宋、齐、
梁、陈皆以建业为扬州，则逊之所在扬州，乃建业耳，非今之广
陵也。①

何逊本传中并没有直接提到其担任扬州法曹之事，而是被南平王
因为宾客掌书记室。南平王当时任职于"扬州"，所以杜诗中有"何
逊在扬州"的提法也说得通。可是南朝时的"扬州"指的是今天的
江苏南京，与宋代的扬州根本不是一地。《扬州府志》对此也有澄清：

　　　　按逊本传不尝为扬州法曹，是时南北分裂，洛阳魏地。逊为
梁臣，何得后居洛阳？又得请再任乎？据用修（考）东阁不在扬
州，及逊不为扬州法曹，足破宋注之谬。②

可见何逊在扬州赏梅赋诗的事实并不能成立，但是这个美丽的误
会还是流传甚广，在后世的诗歌中一再被提及。明代诗人高启也用到
何逊扬州梅花的典故"自是何郎无好咏，东风愁寂几回开"（《梅花
九首》）。人们并不执念于这则故事是否真实，而是将此视作文人清
高的一桩雅事。何逊还因爱花的事迹被奉为梅花花神。
　　但无论琼花也好，梅花也罢，都不如芍药与扬州这所历史文化名
城深度契合。人们一提起扬州就离不开芍药，一说起芍药自然会联想

---

① （宋）张邦基：《墨庄漫录》（卷一），孔凡礼点校，中华书局 2002 年版，第 46 页。
② （明）杨洵、陆君弼等纂修《万历·扬州府志》（卷二十一），见北京图书馆出版编辑
组：《北京图书馆古籍珍本丛刊》（25 册），书目文献出版社 1988 年版，第 360 页。

到扬州，就像牡丹之于洛阳一样。原因何在？琼花的掌故突出的是琼花天下无双不可轻移的神秘，何逊梅花的故事则在于彰显文人轻名利重情趣的风流态度，它们都缺少与扬州深刻必然的联系。在那两则故事中，并没有广大市民的参与，勾勒的只是历史上寥寥数人的影子。而"扬州芍药"则是根植于宋代扬州的本土生活的，反映出扬州的经济状况，渗透于扬州的风土人情，是宋代发达的日常审美生活与成熟的花文化碰撞融合而成的。再加上文人的推崇，形成了具有稳定意义的文化意象。

芍药与扬州有如此根深蒂固的联系乃至成为特定意象、具备独立的审美价值有以下几个原因。扬州芍药确实为一时之盛，在扬州芍药已经发展成了重要产业。孔武仲，字常甫，北宋仁宗嘉祐年间进士，他在《芍药谱》的序言中写道：

> 扬州芍药名于天下与洛阳牡丹俱贵于时。四方之人尽皆赍携金帛市种以归者多矣。吾见其一岁而小变，三岁而大变，卒与常花无异。由此芍药之美，益专推美扬州焉。大抵粗者先开，佳者后发，高至尺余，广至盈手。其色以黄为最贵，所谓绯红千叶乃其下者。郑诗引芍药以明土风，说者曰香草也。司马长卿子虚赋曰芍药之和具而后御之，说者曰芍药主和五脏，又郡毒气也。谢省中诗曰红药当阶翻，说者曰草色红者也。其义皆与今所谓芍药者合，但未有专言扬州者。唐之诗人最以模写风物自喜，如卢仝、杜牧、张祜之徒，皆居日久，亦未有一语及之，是花品未有若今日之盛也。①

从这段话中，我们可以得到如下信息：宋代之前也有很多名人谈论过芍药，但都与扬州无涉，到了宋代，扬州芍药才名扬天下为全社会爱重。外地人都携带重金来扬州购买芍药的优良品种。扬州有专门

---

① （宋）陈景沂：《全芳备祖》，农业出版社1982年版，第178—179页。

的花卉市场，"无论贵贱皆喜戴花，故开明桥之间方春之月拂旦有花市"①。扬州花卉市场的规模颇大，名品众多，各地人纷纷前来购买。但是外地人买回去往往要失望的，芍药专美于扬州，种植于外地便退化与常花无异。除自然地理条件外，扬州专业化的花卉种植业是不可忽视的原因，"扬州负郭多旷土，种花之家，园舍相望，最盛于朱氏、丁氏、袁氏、徐氏、高氏、张氏、余不可胜纪。畦分亩列，多者至数万根"②，专业化的种植极大丰富了扬州芍药的品种。芍药的品种在芍药谱中得到保存。刘攽的《芍药谱》记录了 31 个品种；孔武仲列举了 33 个品种；王观《芍药谱》则增添了几种新品，合计 39 个品种。上上品名"冠群芳"，大旋心冠子状，深红色，花朵硕大"可及半尺"。

扬州人以芍药花为骄傲，爱花成风，还有举办大规模芍药花会的风俗。苏轼在《玉盘盂》一诗中写道："东武旧俗，每岁四月，大会于南禅、资福两寺，以芍药供佛。而今岁最盛，凡七千余朵，皆重跗累萼，繁丽丰硕。中有白花，正圆如覆盂，其下十余叶稍大，承之如盘，姿格绝异，独出于七千朵之上，云得之于城北苏氏园中……杂花狼藉占春余，芍药开时扫地无。两寺妆成宝璎珞，一枝争看玉盘盂。"（苏轼《玉盘盂并引》）"玉盘盂"就是白色的芍药。扬州的地方官员也借芍药花造势，《墨庄漫录》卷九记载："扬州产芍药，其妙者不减于姚黄、魏紫，蔡元长知维扬日，亦效洛阳，亦作万花会。"③ 美轮美奂的花卉花展扩大了扬州芍药的社会知名度，也深入百姓生活中。

文人吟咏题诗对"扬州芍药"起到了推广作用。芍药花朵硕大，色彩绚烂，芳香浓郁，妩媚多姿，有"浩态狂香"的美誉，极富观赏价值，深受历代诗人喜爱。宋代多为著名诗人吟咏扬州芍药为其增添了魅力："日烧红艳排千朵，风递清香满四邻"（王禹偁《芍药诗三

① 王观：《芍药谱》，见王云五主编《丛书集成初编》（1356 册），商务印书馆 1935 年版。
② 王观：《芍药谱》，见王云五主编《丛书集成初编》（1356 册），商务印书馆 1935 年版。
③ （宋）张邦基：《墨庄漫录》（卷八），中华书局 2002 年版（2011 年重印），第 239 页。

首·其二》）；"敢期芍药边城见，本是人间第一流，我有无穷羁旅恨，为君今日到扬州"（晁说之《谢魏宰惠芍药》）；"扬州一遇芍药时，夜饮不觉生朝霞"（欧阳修《眼有黑花戏书自遣》）；"扬州底事牵行色，端为琼花芍药催"（晁补之《泗州王谏议明叟留饮》）。在文人的吟哦中，芍药成了扬州的代名词。

　　庆历五年（1045），北宋名相韩琦外放扬州出任淮南节度使。到扬州后，他最爱龙兴寺的芍药，便写下了《和袁陟节推龙兴寺芍药》一诗。在诗中，他极力推崇芍药，不惜贬损牡丹："广陵芍药真奇差，名与洛花相上天。洛花年来品格卑，所在随人趁高价。接头著处骋新妍，轻去本根无顾藉。不论姚花与魏花，只供俗目陪妖姹。广陵之花性绝高，得地不移归造化。大豪人力或强迁，费尽雍培无艳冶。东君固是花之主，千苞万萼从荣谢。似娇东君泛爱心，枉杀春风不肯嫁。"牡丹与芍药亲缘关系很近，花朵和叶品形态相似，但是牡丹是木本植物，芍药是草本植物，所以牡丹又名"木芍药"因为牡丹是木本植物，所以便于嫁接易推新品，这本是牡丹的优势，韩琦在这里反其道而行之，说牡丹轻薄易变，不顾根本，反衬出芍药能固守本性。芍药的花期较晚，盛开在春末夏初，百花凋落之时。因其不与众花同放，被认为是花品贵重、不随波逐流。韩琦此语不难让人联想到庆历新政失败，范仲淹、富弼、苏舜钦、欧阳修等人无不遭到贬谪，韩琦本人也是受到反对派的攻击才出任维扬。韩琦在这里借芍药的特性表现自己能够坚守高洁的品性，不为外界打击沉沦变节，并且如同芍药一般，花期虽晚也会在等待中积蓄力量。接下来韩琦又描写了芍药娇美的形象："遂令天下走香名，髥鬐丹青竟诗诧。以此扬花较洛花，自合扬花推定霸。其间绝色可粗陈，天工著意诚堪讶。仙家冠子镂红云，金线妆治无匹亚。旋心体弱不胜枝，宝髻欹斜犹堕马。冰雪肌肤一缬斑，新试守宫明似赭。双头两两最多情，象物更呈鞍面突。楼子亭亭欠姿媚，特有怪状堪图写。见者方知画不真，未见直疑传者诈。前贤大欲巧赋咏，片言未出心先怕。天上人间少其比，不似余芳资假借。"芍药品种很多，不同品种有不同的特点。芍药是草本植物，随风摇曳，妩媚多姿，历来被视作娇柔艳丽的女性形象。韩琦用"宝髻斜堕""冰雪肌肤"将芍药形容成国色天香的美女。最后韩琦交代了自己看花的时间、地点，大力推崇龙兴寺的芍药，认为芍药在扬州，才得天时地利，自然生长繁茂。"我来淮海涉三春，三访龙兴旧僧舍。问得龙兴好事僧，每岁看承不敢暇。后园栽植虽甚蕃，及见花成由取舍。出群标致必惊人，方徙矮坛临大厦。客来只见轩槛前，国艳天姿相照射。因知灵种本自然，须凭精识能陶冶。君子果有育材心，请视维扬种花者。"

芍药高贵典雅的审美品格契合扬州富庶繁华的城市形象。扬州自古乃富庶繁华之地，汉朝吴王刘濞定都于此。隋炀帝对扬州情有独钟，登基前是扬州的总督，之后又三次出巡。扬州还处在京杭大运河的枢纽地位，京杭大运河就是在扬州古运河的基础上沟通的南北水系。扬州地理位置优越还是盐的主要产地，《马可·波罗行纪》中提到扬州地区的盐可供数省之用。到了宋代，扬州已经是屈指可数的大都市，有"扬一益二"之称。

另外，芍药在花文化中的地位颇高，有"牡丹花王、芍药花相"的说法。陈景沂的《全芳备祖》芍药排名第四，仅在牡丹、梅花、琼花之后。在人们观念里，芍药是富贵花、吉祥花。因此"扬州芍药"就成了繁华盛世最好的图景，芍药也就成了扬州这座城市的名片。两宋交际，扬州被金人攻陷，惨遭屠城之祸。昔日歌舞升平之地竟成空城。繁华如同迷梦，国家在风雨中飘摇。"扬州芍药"又会引起"姜夔们"的"黍离之悲"。刘克庄的《贺新郎·客赠芍药》也表达了同一主题：

> 一梦扬州事。画堂深、金瓶万朵，元戎高会。座上祥云层层起，不减洛中姚魏。叹别后、关山迢递。国色天香何处在，想东风、犹忆狂书记。惊岁月，一弹指。
> 数枝清晓烦驰骑。向小窗、依稀重见，芜城妖丽。料得花怜侬消瘦，侬亦怜花憔悴。漫怅望、竹西歌吹。老矣应无骑鹤日，

但春衫、点点当时泪。那更有，旧情味。

　　友人赠送的芍药，连接起回忆和现实生活两个片段。词的上阕写诗人的回忆，扬州举办热闹非凡的芍药花会好像是发生在昨天的事情，"惊岁月，一弹指"写出历史巨变中人的沧桑感。下半阕是诗人的现实生活，眼前的芍药离开了故土已同诗人一样变得憔悴消瘦，有生之年可能再无法回到扬州了。花犹如此，人何以堪？"扬州芍药"作为一个稳定意象裹挟着关于那个朝代最繁华也最痛心的印记。

　　城市与花卉形象交织在一起的根本原因是在宋代城市的发展，使越来越多的人有了实现自己欲望的机会。人对花的需求源于人追求美的天性，到了宋代花卉进入千家万户普通市民的生活中，宋代的洛阳、扬州等大城市出现了"赖花以生者"，种植规模非常庞大。他们是城市的建设者。据《洛阳名园记》记载："洛中花甚多种，而牡丹独曰'花王'。凡园皆植牡丹，而独名此曰'花园子'，盖无他池亭，独有牡丹数十万本。皆城中赖花以生者，毕家于此。至花时，张幕幄，列市肆，管弦其中。城中士女，绝烟火游之。过花时，则复为丘墟，破垣遗灶相望矣。今牡丹岁益滋，而姚黄、魏紫，一枝千钱，姚黄无卖者。"[1] "花园子"没有其他池亭，只有数十万本牡丹花，吸引了全城的男女老幼。花时一过，又成为废墟。宋代蓬勃兴旺的花卉经济是城市发展的重要力量。

---

① 李格非：《洛阳名园记》，陈从周、蒋启霆选编，赵厚均注释：《园综》，同济大学出版社 2004 年版，46 页。

第五章　拒绝遗忘：体验的反抗

在中国传统思想的宇宙、世界和自然观念中，存在着一种被史华兹称为"宇宙关联性思维"的认识模式①。在这一认识模式中，人们关注的中心并不在于宇宙万物的基始，即那种通过化约主义的方式将世界、万物和自然最终还原成一种物质或抽象形式，而是致力于发现并强调自然万物之间内在的同一性和关联性。比如在中国人的眼中，"整个宇宙乃由一以贯之的生命之流所旁通流贯……所有生命都在大化流行中变迁发展，生生不息，运转不已"②——这"一以贯之的生命之流"既灌注在万物之灵长的人的生命中，又流溢于万物的生命活动之中。因而才有了"天地与我并生，万物与我齐一"的观念主张（《庄子·齐物论》）。

受此种思维方式与观念主张的影响，在中国人的心目当中，花和人是一样的生命个体。在花开花谢的生命律动中，也充实、流溢着丰富多样的生命体验与感悟，诸如"感时花溅泪，恨别鸟惊心"，"林花谢了春红，太匆匆"，"无可奈何花落去，似曾相识燕归来"……此类景语与情语，既是生活经验、生命体验在自然感兴中的触发，是内在情感和意识的抒发，又是超越了个体内在经验和情感意识，对宇宙大化和生命之流的体认。就此而言，宋代艺术中的花事与花语，乃至专门研究花卉的谱录著作，均可视为美学意义上的"表现品"：它

---

① ［美］史华兹：《思想的跨度与张力——中国思想史论集》，王中江编，中州古籍出版社2009年版，第99页。

② 方东美：《中国人的智慧》，见刘梦溪主编，黄克剑、王涛编校《中国现代学术经典·方东美卷》，河北教育出版社1996年版，第357页。

们首先是经验、情感和意识等心灵活动的"表现",是体验和认识的产物;其次,它们又是这种体验和认识的物理形式,是后者灌注、凝固的所在。因而对于这些"表现品"的讨论,就不仅仅要考察内在灌注、凝固的体验和认识,还要更进一步追问这一灌注、凝固的形式本身所具有的意义。

换言之,艺术何为?文学何为?诗歌何为?具体到宋人的"赏花"风尚而言,如前几章所论,在日常生活和社会实践的层面,宋人在丰富多彩的花事活动中业已获得了极大丰富的感官、情感和精神满足,他们为何还要殚精竭虑地将这些体验、认识和意识活动记录保存下来?

这自然是一个老生常谈而又极其复杂、宏大的问题。它涉及中国传统文学和艺术理论的诸多方面,如古人的立言传统、抒情传统等,对此前人已有诸多论述。本文不打算对这些理论命题加以重复性的讨论,而是想结合宋人的文学和艺术作品,对宋代艺术和文学中所呈现出的某些新的创作动机和特征加以考察。在宋人的观念中,花的美是天然的,是造物者送给人的礼物。每到花开的时候,他们迟迟不肯睡去,就是不愿错过与花相对的时光。苏轼在《海棠》一诗中,就传达了这样的经历:"东风袅袅泛崇光,香雾空蒙月转廊。只恐夜深花睡去,故烧高烛照红妆"。明明是诗人不肯辜负海棠的美,秉烛连夜观赏,却偏偏说成怕海棠花睡去。

花给人带来如此愉快的体验,可花期总是这么短暂,又给人无限感伤。欧阳修有一首词写得极好:

> 把酒花前欲问君。世间何计可留春?纵使青春留得住。虚语,无情花对有情人。任是好花须落去。自古,红颜能得几时新。暗想浮生何时好?唯有,清歌一曲倒金樽。(欧阳修《定风波》)

词中开篇即问有什么办法能留住春天呢。花开得再好也要落去,

图十　碧桃图

正如红颜易老。那么此时此刻就是最好的时候尽情放歌纵酒就好。尽管好花不常有，少年不常在，也要用有限的生命去拥有此刻的美好。

　　花短暂而璀璨的生命，就像人的青春。如何将这份美好留存下来？留住生命中的美好体验，不就留住"春天"了吗？遗憾的是，体验带给人的刹那感觉如同花朵一样转瞬即逝，出于对花与生命的热爱，宋人想要用"记忆"来对抗"消逝"。

　　克罗齐谈到记忆的作用时这样分析道：

　　　　那些被称做诗歌、散文、叙事诗、短篇小说、长篇小说、悲剧或喜剧的词语组合，那些被称做歌剧、交响乐、奏鸣曲的音调组合，那些被称做绘画、雕塑、建筑的线条与色彩组合，若不是再现的物理刺激因，还能是什么？记忆的精神力量，凭借那些有益物理事实的帮助，使得人不断产生的直觉能够保存并再现。若生理机制衰弱，从而记忆也衰弱，则艺术的纪念碑将被摧毁，进而，所有审美财富，世世代代辛勤劳动的成果，也将衰落并迅速消逝。[①]

　　花对于人类显然是不可以也不情愿抛却的"表象"。前文种种"赏花"活动也已表明花能唤醒、引起、激发出人们足够多的美好体验。人们愿意将生命里的某些体验留存下来，以艺术的方式赋予其稳定的形式。人类历史上的文学、艺术成果不正是审美活动中生成体验的留存物吗？这些留存物以"刺激因"的方式存在，从而成为能够在历史中流传的艺术品。从这个意义上说，宋代出现了大量的花谱、咏花诗、花鸟画，正是审美体验为拒绝"遗忘"而做出的反抗。

第一节　"了解"与"追问"：宋代的花卉谱录

一　花谱的勃兴

　　宋人把花当作与人同样的生命珍视，视作生命中最美好的事物之一。人们对最美好的事物态度通常是从愿意了解开始的。南宋赵时庚讲述了自己的少年时代，家中的一个长辈回乡隐居，"尽植花木，丛杂其间。繁阴布地，环列兰花"[②]。自此以后"尤好花之香艳清馥者，

---

　　① ［意］克罗齐：《美学的理论》，田时纲译，中国人民大学出版社 2014 年版，第 81—82 页。

　　② （宋）赵时庚：《金漳兰谱》，见《丛书集成续编》（83 册），新文丰出版社 1986 年版，第 431 页。

目不能舍，手不能释，即询其名，默而识之。是以酷爱之，殆几成癖"①，由"爱兰""识兰"到"植兰""谱兰"，由此创作了我国也是世界上第一部兰花专著——《金漳兰谱》。

　　宋代花文化成熟的表现之一即与花审美有关的文献、谱录数量剧增。为了方便论述，本文将这些以花为主要研究对象的文献、谱录简称为花谱。在宋代以前也有一些零星的花卉研究片段，比如晋代嵇含的《南方草木状》，南朝宋人戴凯之撰写的《竹谱》，南朝齐梁之间的《魏王花木志》，唐代王庆芳撰写的《园林草木疏》，晚唐罗虬的《花九锡》，等等。但这些文献都很分散，普遍缺少连贯性，没有形成一定的体例，更没有将花卉的审美特性作为专门的研究对象。到了两宋，情况发生了急剧的变化。花谱的数量超越了以往任何一个朝代，是中国历史上的第一个高峰。从研究内容上看不仅涉及花卉的种植技术、产地的风俗人情，还展现了对花卉的鉴赏方式；从研究对象上看有特定花卉的专论（即使是同一种花卉专论往往又不止一本，比如多部牡丹谱、梅谱、菊谱、芍药谱），也有囊括多种花卉的综合性著述，堪称花卉审美材料的汇编。

　　花谱为什么会在宋代兴起？花谱的勃兴是宋代社会赏花、爱花的风气使然，人们在物质层面和精神层面对花的强烈需求产生了深入研究花卉的动力。花谱的繁荣缘自宋人对现实生活的关切。宋代学者型文化的特点比较突出，生活休闲中不忘研究，在研究中又不失审美的因子。因此宋代的笔记文学十分发达，囊括的内容十分广阔，天文地理、政治军事、科学技术、奇闻逸事等可以说是无所不包无所不有。不仅是花，文人所爱的墨、砚、茶等清物均有大量研究问世。

　　正是由于上述原因宋代创造了花谱历史上若干个"第一"和"唯一"。现存的第一部花卉专论是欧阳修作于 1031 年的《洛阳牡丹记》，第一部梅花专著是范成大的《范村梅谱》，第一部菊谱是北宋

---

　　① （宋）赵时庚：《金漳兰谱》，见《丛书集成续编》（83 册），新文丰出版社 1986 年版，第 431 页。

刘蒙撰写的《菊谱》，第一本芍药谱、海棠谱、兰谱。历史上唯一一本玉蕊花专著《玉蕊辨证》，唯一的梅花木刻画谱《梅花喜神谱》。宋人编撰花谱不仅富于开拓精神还具备整理前人成果的自觉意识。陈思的海棠谱（1259），分上、中、下三卷：上卷主要根据各类笔记和诗话辑录了与海棠有关的典故逸闻趣事，中卷和下卷都是唐宋诗人对海棠题咏。南宋陈咏编辑整理的《全芳备祖》，是中国当时一部最全的植物辑录。陈咏字景沂，浙江天台人。《全芳备祖》大致成书于宋理宗即位（1225）前后，分为前后两集。陈咏在自序中称："古今类书不胜汗牛而充栋矣，录此遗彼，不可谓全，取末弃本，不可谓备"，"独于花、果、草、木，尤全且备"，故称"全芳"，涉猎的每一种植物的"事实、赋咏、乐府，必辑其始"，故称"备祖"。①

二　破解花的神秘

花带给宋人的种种体验，激发了他们以科学的态度破解花卉美的热情。因此花谱除了对花卉审美的经验描述以外，还有从自然科学角度对花的研究。花谱的作者是文人，他们既是花的研究者，同时也是种植者、爱好者。宋人的科学精神早就引起过学界的重视，"每当人们研究中国文献中科学史或技术史的特定问题时，总会发现宋代是主要关键所在。不管在应用科学方面或纯粹科学方面都是如此"②。在花谱中，宋代的科学精神体现得十分明显。

如何让花的美发挥得淋漓尽致？什么样的自然条件最适合花卉生长？宋人非常重视花卉的栽培技术，在《洛阳牡丹记》中也有体现：

接时须用社后重阳前，过此不堪矣。花之木去地五七寸许截之，乃接，以泥封裹，用软土拥之，以蒻叶作庵子罩之，不令见风日，惟南向留一小户以达气，至春乃去其覆。此接花之法也。

① （宋）陈景沂编辑：《全芳备祖》，农业出版社1982年版，第9页。
② ［英］李约瑟：《中国科学技术史·导论》，科学出版社1990年版，第139页。

种花必择善地，尽去旧土，以细土用白敛末一斤和之，盖牡丹根甜，多引虫食，白敛能杀虫。此种花之法也。浇花亦自有时，或用日未出，或日西时。九月旬日一浇，十月、十一月三日、二日一浇，正月隔日一浇，二月一日一浇。此浇花之法也。一本发数朵者，择其小者去之，只留一二朵，谓之打剥，惧分其脉也。花才落，便剪其枝，勿令结子，惧其易老也。春初既去蒻庵，便以棘数枝置花丛上，棘气暖，可以辟霜，不损花芽，他大树亦然。此养花之法也。①

也不是所有的人工培育都是成功的。睡香花香气清婉树木高大，只是不易移植。宋人尝试用丁香花嫁接，不但芬香不及，而且不到十年就枯槁了。② 这些经验有时是建立在反复失败基础上的，避开失败就能走向成功，因此花谱还介绍"医花之法"与花的禁忌：

花开渐小于旧者，盖有蠹虫损之，必寻其穴，以硫黄簪之。其旁又有小穴如针孔，乃虫所藏处，花工谓之气窗，以大针点硫黄末针之，虫乃死，虫死花复盛，此医花之法也。乌贼鱼骨以针花树，入其肤，花辄死。此花之忌也。③

破解花的奥秘，不仅是了解花的自然习性，解决前人遗留的问题，也是探索花世界的一种方式。这一点在周必大《玉蕊辨证》体现的最为明显。周必大，字子充，号平园老叟，谥文忠。南宋著名的政治家、诗人。《玉蕊辨证》又名《唐昌玉蕊辨证》，主要是围绕玉蕊花是不是琼花或山矾花这一问题展开的。玉蕊花在唐人那里只是一则

① （宋）欧阳修：《洛阳牡丹记》，李之亮笺注：《欧阳修集编年笺注》（第四册），巴蜀书社2007年版，第381页。
② （宋）张邦基：《墨庄漫录》，孔凡礼点校，中华书局2002年版，第67页。
③ （宋）欧阳修：《洛阳牡丹记》，李之亮笺注：《欧阳修集编年笺注》（第四册），巴蜀书社2007年版，第381页。

传说，琼花和山矾是诗歌中经常吟咏的对象，但宋人的与众不同就在于，没有停留在唐人大而化之的感性体验里，他们关注生活于其中的物质世界。这也反映出宋人重视经验、重实证的品格。周必大根据亲身种植实践才得出了自己的结论——玉蕊、琼花、山矾本就是三种花。原因在于玉蕊花苞初时微小，出须如水丝，上缀金粟，花心还有胆瓶状碧筒。花心碧筒中单独抽出一英在众须之上，散为十余蕊，玉蕊由此得名。其花形、花色与琼花有很大区别。而山矾花极有可能是另外一种用以酿酒的花①。

类似的情形在《史氏菊谱》中也出现过。《史氏菊谱》，史正志作。史正志，字志道，自号吴门老圃、乐闲居士、柳溪钓翁。绍兴二十一年进士，孝宗时官至礼部侍郎。史正志为官颇有作为，与辛弃疾交善。史正志著述颇丰，有诗集和文集，除《菊谱》外，还著有《乾道建康志》十卷。《史氏菊谱》，共录菊花二十七种，反映了姑苏地区菊花的种植情况，成书于淳熙二年（1175）九月。在《后序》里，他提起了昔年欧阳修与王安石咏菊的一桩公案：

　　　　王介甫武夷诗云："黄昏风雨打园林，残菊飘零满地金"，欧阳永叔见之戏介甫曰"秋花不落春花落，为报诗人仔细看"。介甫闻之笑曰："欧阳九不学之过也。岂不见楚辞云'夕餐秋菊之落英'"。②

在人们的印象里，菊花是在枝头凋零不落瓣的，"宁可枝头抱香死，不曾吹落北风中"，所以欧阳修才会打趣王安石。王安石也不相让，以《楚辞》中的名句来做例证。史正志观察到菊花的凋落方式因品种而已，"花有落者，有不落者，盖花瓣结密者不落。……花瓣扶

---

　　①　（宋）周必大：《玉蕊辨证》，见王云五主编《丛书集成初编》，商务印书馆1935年版，第1356册。

　　②　（宋）史正志：《菊谱》，见王云五主编《丛书集成初编》，商务印书馆1935年版，第1356页。

疏者多落，盛开之后渐觉离披，遇风雨撼之则飘散满地矣"①。说明了宋人进行文化研究具有求真、求实的态度，所以会用现实中的真实情况，来验证艺术中的描述。

三　花卉美的探究：《洛阳牡丹记》的意义

欧阳修的《洛阳牡丹记》，是现存最早的关于花卉植物的专门论著。宋代的《牡丹谱》不止一本，还有丘璿的《牡丹荣辱志》、张邦基的《陈州牡丹谱》、陆游的《天彭牡丹谱》，周师厚的《洛阳花木记》也有介绍牡丹的内容。其中欧阳修的《洛阳牡丹记》最具典型意义，在当时与后世影响也最大。

对于欧阳修来说，洛阳牡丹是熟悉而又陌生的对象。欧阳修在洛阳城中度过他宝贵的青年时代。可在他之前并没有人对洛阳牡丹进行专门的研究。在这篇文章里，他以洛阳牡丹为研究对象，谈到了洛阳牡丹的品种变化、命名方式、培植技术以及当地爱花、赏花的风俗。全文分为三部分，"花品序""花释名""风俗记"。据称这篇文章一经问世，便引起了极大反响。著名书法家蔡襄将此文刻石，南宋状元王十朋在《点绛唇·异香牡丹》中称"醉翁何往，谁与花标榜"，陆游的《天彭牡丹谱》完全沿用了《洛阳牡丹记》的体例。

《洛阳牡丹记》肯定了牡丹感性的美。他在"花释名"这一部分中，介绍了牡丹的命名方式，各种牡丹的特征，尤其是"姚黄"与"魏紫"这两种千叶牡丹花，被称作"花王"和"花后"：

> 姚黄者，千叶黄花，出于民姚氏家。此花之出，于今未十年。姚氏居白司马坡，其地属河阳，然花不传河阳，传洛阳，洛阳亦不甚多，一岁不过数朵。

---

① （宋）史正志：《菊谱》，见王云五主编《丛书集成初编》，商务印书馆1935年版，第1356页。

　　牛黄亦千叶，出于民牛氏家，比姚黄差小。真宗祀汾阴，还过洛阳，留宴淑景亭，牛氏献此花，名遂著。甘草黄，单叶，色如甘草。洛人善别花，见其树知为某花云。独姚黄易识，其叶嚼之不腥。

　　魏家花者，千叶肉红花，出于魏相仁溥家。始樵者于寿安山中见之，斫以卖魏氏。魏氏池馆甚大，传者云：此花初出时，人有欲阅者，人税十数钱，乃得登舟渡池至花所，魏氏日收十数缗。其后破亡，鬻其园，今普明寺后林池乃其地，寺僧耕之以植桑麦。花传民家甚多，人有数其叶者，云至七百叶。钱思公尝曰："人谓牡丹花王，今姚黄真可为王，而魏花乃后也。"①

　　姚黄和魏紫都是千叶牡丹花，颜色艳丽，姿态张扬、花形饱满大气。牡丹的美是逼人的，对嗅觉和视觉有强烈的刺激。在儒家传统道德训诫的背景下，文学家常常会选择兰、竹这样抽象品格胜过感性形态的植物。欧阳修选择牡丹作为写作对象是需要一定的勇气的。唐以前，花卉种植并没有与农作物分开，在当时的经济条件下，花卉的观赏性没有也不可能得到足够的重视。到了唐代人们无法抵挡牡丹炫目的视觉诱惑，成群结队去赏花。《唐国史补》如实地描写了这一场景："京城贵游，尚牡丹三十余年矣。每春暮车马若狂，以不耽玩为耻。执金吾铺官围外寺观种以求利，一本有直数万者。"② 但唐人对这种感性的狂欢又保持着道德训诫的警惕。牡丹的"妖艳"能够惑乱人心，引发社会动荡。而这里欧阳修却将姚黄、魏紫评为花王、花后，特意提到花的稀少不易得，极言此花珍贵。在公众话语的语境中，肯定了花卉感性美的价值。

---

　　① （宋）欧阳修：《洛阳牡丹记》，李之亮笺注：《欧阳修集编年笺注》（第四册），巴蜀书社 2007 年版，第 375—376 页。

　　② （唐）李肇：《唐国史补》，见上海古籍出版社编《唐五代笔记小说大观》，上海古籍出版社 2010 年版，第 185 页。

　　欧阳修对花卉美的认识影响了其他花谱的撰写者们。花的色、香、形、态成为花卉审美的首要价值。陈思在《〈海棠谱〉序》里指出世上的花卉，虽然种类不同，有的颜色鲜艳，有的香气醉人，但都具有观赏价值。再比如有"德花"之称的兰花，其自然属性也没有被忽视，"撷英于干叶香色之殊，得韵于耳目口鼻之表"①，花的物质形态是构成整体精神气质的条件。花卉的美就是其价值，与实际功利性无关。梅"调鼎和羹"的用处经常得到赞美，但宋代的张镃却认为念及调鼎之功是赏花时大煞风景之事，他在《梅品》里把"为作诗用调羹驿使事"列为"花憎嫉"。

　　"妖"是传统文化语境里经常与感性的美发生关联的词汇。欧阳修在《洛阳牡丹记》中也提到了"妖"的观念，与前人不同的是欧阳修认为"妖"是生活世界违背常理的事物或现象，对人并不造成实际危害，"妖"可以是美的也可以是丑的。极丑和极美都是反常化的形式，牡丹花属于极美的反常。

　　　　夫中与和者，有常之气，其推于物也，亦宜为有常之形，物之常者，不甚美亦不甚恶。及元气之病也，美恶鬲并而不相入，故物有极美与极恶者，皆得于气之偏也。花之钟其美，与夫瘿木拥肿之钟其恶，丑好虽异，而得分气之偏病则均。洛阳城圆数十里，而诸县之花莫及城中者，出其境则不可植焉，岂又偏气之美者独聚此数十里之地乎？此又天地之大，不可考也已。凡物不常有而为害乎人者曰灾，不常有而徒可怪骇不为害者曰妖，语曰："天反时为灾地反物为妖。"此亦草木之妖而万物之一怪也。然比夫瘿木拥肿者，窃独钟其美而见幸于人焉。②

　　①　（宋）王贵学：《王氏兰谱》，见杨林坤、吴琴峰、殷亚波编《梅兰竹菊谱》，中华书局2010年版，第35页。

　　②　（宋）欧阳修：《洛阳牡丹记》，李之亮笺注：《欧阳修集编年笺注》（第四册），巴蜀书社2007年版，第373—374页。

　　"妖"是自然的变异，这个观念并非欧阳修首创，《开元天宝遗事》里记载："初有木芍药，植于沉香亭前，其花一日忽开一枝二头，朝则深红，午则深碧，暮则深黄，夜则粉白；昼夜之内，香艳各异。帝谓左右曰：'此花木之妖，不足讶也。'"① 但欧阳修的过人之处在于看到了美的表现恰恰在于惊异感。在传统中"中和"一直是美的理想。儒家认为"过犹不及"，"中"是事物在发展过程中处于最恰当的位置，"和"是"中"的补充，也是"中"的提高。"中和"首先是一种哲学观，认为宇宙本身自然和谐；然后发展为一种道德规范，体现了对人与自然、人与人之间和谐关系的追求；在此逻辑前提下，"中和"发展为美的尺度，"和谐"成为美的理想形态。结合上下文，欧阳修《洛阳牡丹记》的写作思想实际上非常大胆前卫。之前欧阳修以他渊博的学识否定了前人以洛阳为天下之中的合理性，在这一段落，欧阳修又对"中和"作为"美"的本质提出了异议。"中和"只能产生"有常之气"，化作"有常之形"。换句话说，"中和"无法制造审美的惊异。他认为牡丹的妖艳，恰恰来自"气之偏"，而非"中"与"和"。

　　但问题是欧阳修同时认为洛阳是否得"气之偏"也无法考证，那么"洛阳牡丹甲天下"的原因是什么呢？对事物的了解必然要追溯历史，编纂过史书的欧阳修尤其懂得这一点。他在《花释名》的结尾处，对牡丹的历史进行了梳理：

　　　　初，姚黄未出时，牛黄为第一；牛黄未出时，魏花为第一；魏花未出时，左花为第一。左花之前，唯有苏家红、贺家红、林家红之类，皆单叶花，当时为第一，自多叶、千叶花出后，此花黜矣，今人不复种也。

　　　　牡丹初不载文字，唯以药载《本草》。然于花中不为高第，

① （五代）王仁裕等撰：《开元天宝遗事十种》，丁如明辑校，上海古籍出版社 1985 年版，第 72 页。

大抵丹、延已西及褒斜道中尤多，与荆棘无异，土人皆取以为薪。自唐则天已后，洛阳牡丹始盛。然未闻有以名著者，如沈、宋、元、白之流皆善咏花草，计有若今之异者，彼必形于篇咏，而寂无传焉。唯刘梦得有《咏鱼朝恩宅牡丹》诗，但云"一丛千万朵"而已，亦不云其美且异也。谢灵运言永嘉竹间水际多牡丹，今越花不及洛阳甚远，是洛花自古未有若今之盛也。①

通过回顾历史，欧阳修明确提出了"洛花自古未有若今之盛"。研究者大多将上面刚刚引用过的两段话单独阐释，没有看出这两个相邻段落的内在联系，也忽略了这两段文字在全文中的位置。这两段文字出现在《洛阳牡丹记》的第二部分"花释名"的最后，是对第二部分的总结。在"花释名"这个部分里，欧阳修列举了多个洛阳牡丹的品种，包括命名原因、花的颜色姿态、来历。这两段文字看上去与前文格格不入，与花的种类、命名并无多大关联。如果结合上下文稍加分析，就会发现欧阳修的用意。他将这两段文字放在这里是想委婉地提醒人们，洛阳牡丹长盛不衰是科学技术推动的结果。从苏家红、贺家红、林家红之类到左花、魏花、牛黄、姚黄，这是单瓣到复瓣的培育过程，是洛阳人对美执着不懈的追求。每一种名花的背后都包含了无数辛苦的劳动和勇敢的尝试。这是宋代花卉栽培技术进步的表现，也反映出花谱具有的科学认识论的价值。欧阳修记载的花后魏紫可达"七百叶"之多，在今天的技术条件下也只能达到五百瓣左右。《洛阳牡丹记》记录了牡丹不断推陈出新的过程。实际上，欧阳修一直关注牡丹品种的变化并以不同的形式记录下来。庆历二年，欧阳修又写了首名为《洛阳牡丹图》的诗：

洛阳地脉花最宜，牡丹尤为天下奇。

---

① （宋）欧阳修：《洛阳牡丹记》，李之亮笺注：《欧阳修集编年笺注》（第四册），巴蜀书社 2007 年版，第 378 页。

我昔所记数十种，于今十年半忘之。

开图若见故人面，其间数种昔为窥。

客言近岁花特异，往往变出呈新枝。

……

造化无情宜一概，偏此著意何其私。

又疑人心愈巧伪，天欲斗巧穷精微。

不然元化朴散久，岂特近岁尤浇漓。

争新斗丽若不已，更后百载知何为。

但应新花日愈好，惟有我老年年衰。

欧阳修已经认识到对美好事物的追求，能激发人巨大的创造力。仅仅十年时间新品层出不穷，牡丹花品种丰富、争奇斗艳不是因为自然进化而是人心"斗巧穷精微"的结果。人的能量过于巨大让他眩惑、惊奇，也略微惶恐，所以他在言辞间流露了略微闪躲的姿态。"但应新花日愈好"，这是人心所向大势所趋，问题是人对自然的"冒犯"是否需要一个限度，才能将牡丹的"新鲜感"持续得久一些。欧阳修思考过，但没能给出问题的答案。

第二节　小花鸟大世界：体验的对象化

中国传统绘画中有一个总体趋势，就是"人"在画中越来越小，出现得越来越少。自然山水、花鸟虫鱼表现得越来越多。人类的绘画题材都是先从最熟悉的事物中选取的，这缘自人类认识世界的方式。春秋战国时代，就已经有人物画出现。经过汉代、魏晋、六朝的发展，唐代人物画已经到了相当成熟的阶段，无论是宗教画里的菩萨，还是宫廷画里的帝王、贵妇、宫女，都展示了唐代人物绘画的先进水平。山水画自魏晋南北朝勃兴，隋朝时相对成熟，唐代发展为青山绿水与水墨山水两类。山水画最初是被用于宫殿和家居装饰的，正如今天的人们会在家中挂一幅风景画一样，这是生活在限制空间里的人对自然山川的向往。

图十一　红梅孔雀图

　　在宋代，花鸟画成为发展最快的绘画领域。宋代两部重要的绘画理论著作《宣和画谱》《画继》都分别将"花鸟""花竹翎毛"作为重要的一类。从题材上看，常做素材的花种类丰富，有牡丹、芍药、梅、兰、水仙、菊、莲、竹、桃花、杏花、梨花，等等。专门从事花鸟画创作的画家可以列出长长的名单：黄荃、滕昌祐、黄居寀、徐熙、徐崇嗣、赵昌、易元吉、崔白……此外还有相当数量的文人从事花鸟画的创作，尤为热衷"墨花"。宋代画家李唐诗云："云里烟村雨里滩，看之容易作之难。早知不入时人眼，多买胭脂画牡丹。"（《题画》）可见在两宋时期花鸟画确实风靡一时，而且从庙堂走向民间，为平民阶层享有。

　　书以载道，画为心声。花鸟画看似无人，其实还是人的心灵体验在外部世界的投射。绘画不再以复现人物形象为手段，而以一朵微花再现人的体验,这是艺术更高层次的发展。宋人已经认识到花鸟与"诗人相表里"。宋徽宗敕令编纂的《宣和画谱》说,"绘事之妙,多寓兴于此,与诗人相表里焉。故花之于牡丹芍药,禽之于鸾凤孔雀,必使之富贵,而松竹梅菊,鸥鹭雁鹜,必见之幽闲,至于鹤之轩昂,鹰隼之搏击,有杨柳梧桐之扶疏风流,乔松古柏之岁寒磊落,展张于图绘,有以兴起之意者,率能夺造化而移精神,遐想若登临览物之有得也"①,展纸之间,画者的内心体验对象化了。花鸟画的对象和尺幅都很小,一样能表现大而深远的世界。

花为什么能引起人无比丰富的审美体验?叶嘉莹先生曾经做出过非常精当的论述:

> 花之所以能成为感人之物中最重要的一种,第一个极浅明的原因,当然是因为花的颜色、香气、姿态,都最具有引人之力,人自花所得的意象既最鲜明,所以由花所触发的联想也最丰富。此外还有一个重要的原因,我以为则是因为花所予人的生命感最深切也最完整的缘故。②

在宋代,这些花之于体验的"优势"发挥得十分充分。花感人的第一个要素是它的感性形式,即花香、花色、花形、花态,等等。对于绘画这门直观的艺术形式来说,感观体验显得尤为重要。前文已经提到过宋代花卉栽培技术有质的飞跃。《东京梦华录》记载了"杂花"的故事:

> 宣和初,京师大兴园圃。蜀道进一接花人曰刘幻,言其术与常人异。徽宗召赴御苑,居数月,中使诣苑检校,则花木枝干十已截去七八,惊诘之,刘所为也,呼而诘责,将加杖。笑曰:

---

① 王群栗点校:《宣和画谱》,浙江人民美术出版社 2012 年版,第 161—162 页。
② [加] 叶嘉莹:《迦陵论诗丛稿》,北京大学出版社 2014 年版,第 137 页。

"官无忧，今十一月矣，少须正月，奇花当盛开。苟不然，甘当极典。"中使入奏，上曰："远方伎艺，必有过人者。姑少待之。"至正月十二日，刘白中使请观花，则已半开。枝萼晶莹，品色迥绝。酴醾一本五色，芍药牡丹变态百种。一丛数品花，一花数品色，池冰未消，而金莲重台，繁香芬郁，光景粲绚，不可胜述。事闻，诏用上元节张灯花下，召戚里宗王，连夕宴赏，叹其人术夺造化，厚赐而遣之。①

　　这段文字讲述了宋代一个技艺高超的花工的故事。花工技艺精湛，用接花的方法起到了"杂花"的效果。花的颜色和品貌都前所未见，甚至能在冰雪未消融之时，催得莲花开放。这样的例子并不鲜见。《墨庄漫录》也有一例，花工没有用嫁接技术改变花的品种形态，而是利用药物（肥料）改变了花的颜色，"洛中花工，宣和中，以药壅培于白牡丹，如玉千叶、一百五、玉楼春等根下。次年，花作浅碧色，号欧家碧，岁贡禁府，价在姚黄上。尝赐近臣，外廷所未识也"②。宋代"奇花"迭出，新品种不断涌现，给赏花者带来新鲜的刺激与体验，画家将其表现在画里。为了把握花的形式，画家重视写生，强调观察对象：

　　　　滕处士昌祐，字胜华，攻书画，今大圣慈寺文殊阁、普贤阁天花瑞像额，处士笔迹也。画花竹鸟兽，体物象形，功妙，格品具名画录。处士所居州东北隅，竹树交阴，景象幽寂，有园圃池亭，便莳花果，凡壅培种植，皆有方法，及以药苗为蔬，药粉为馔。年八十五，书画未尝辍焉。厅壁悬一大粉板，题园中花草品格名目者百余件，亦有远方怪草奇花，盖欲资其画艺尔。③

----

　　①　（宋）孟元老：《东京梦华录注》，郑之诚注，中华书局 1982 年版，第 51 页。

　　②　（宋）张邦基：《墨庄漫录》，孔凡礼点校，中华书局 2002 年版，第 63 页。

　　③　（宋）黄休复：《茅亭客话》，见上海古籍出版社编《宋元笔记小说大观》（第一册），上海古籍出版社 2007 年版，第 443 页。

《宣和花谱》中对滕昌祐的评价是"志趣高洁，脱略时态，卜筑于幽闲之地，栽花竹、杞菊以观植物之荣悴而寓意焉"①。为了更好地了解绘画对象，滕昌祐亲自植花，记录花的不同习性。"观物"是艺术创作的前提，宋画很强调捕捉精美的物象。马远的《白蔷薇图》就是其中的代表。（图十二）马远，字钦山，号遥父，南宋画院画家。他出身绘画世家，其祖父、父亲、兄长、子侄都以擅画闻名于世。此幅《白蔷薇图》描画了初夏一丛白蔷薇婀娜多姿、灿烂绽放的图景。蔷薇花朵洁净雅丽，有的已经完全绽放，有的含苞欲放，有的盛开伊始，有的半隐藏于繁密的花叶之中。花叶细小而繁多，叶脉清晰可辨，衬托着硕大的花朵；花枝纤细劲硬，枝条修长有刺，承负着繁多的绿叶硕大的花朵，更为摇曳多姿。花冠施染白粉，花蕊各具形态，花瓣层叠有序。此画细致入微，生动别致，花叶、花朵、花枝的色彩也在对比中达到协调。

宋代出现的《梅花喜神谱》是我国第一部木刻画谱，也是着力刻画意象的典范。古代称画像为喜神，故此得名。作者宋伯仁，字器之，号雪岩，湖州人，能作诗，擅长画梅。《梅花喜神谱》用图画的形式表现了梅花从花蕾到凋谢、结梅实的全过程。只留取最能表现梅花特点的一百幅图做画谱。作者善于观察，仅是梅花的开放过程就分为"欲开""大开""烂漫""欲谢"四种形态；仅是梅花"怒放"又分为二十八种不同的形态，分别表现在二十八幅图画里。

人从花那里获得了最生动鲜明的意象，触发了最丰富的联想，例如我们前面的章节里提到的"以花喻人"、花与女性形象的关联，等等。比联想更进一步、更深切的就是体会花与人的生命的共通之处，将这二者联系起来的就是审美中的"移情"作用。

朱光潜先生在讨论移情生成的时候这样讲：

云何尝能飞？泉何尝能跃？我们却常说云飞泉跃；山何尝能

---

① 王群栗点校：《宣和画谱》，浙江人民美术出版社 2012 年版，第 178 页。

图十二　白蔷薇图

鸣？谷何尝能应？我们却常说山鸣谷应。……原来我们只把在我的感觉误认为在物的属性，现在我们却把无生气的东西看成有生气的东西，把它们看作我们的侪辈，觉得它们有性格，也有情感，也能活动。这两种说话的方法虽不同，道理却是一样，都是根据自己的经验来了解外物。这种心理活动通常叫做"移情作用"。①

南宋张镃《梅品》就以移情的方式把花当作人来看待，写了"花宜称二十六条""花憎嫉十四条""花荣宠六条""花屈辱凡十二条"。表面上看花是有情感体验的行为主体，实际上是典型的"以我观物"。王国维《人间词话》里说，"有我之境，以我观物，故物皆著我之色

---

①　朱光潜：《谈美》，广西师范大学出版社 2006 年版，第 13 页。

彩"。花没有喜怒哀乐可言，花的荣宠、屈辱都是移情的结果。在后世的小说话本中有一段话是"移情"的手法的典型运用："花一离枝，再不能上枝，枝一去干，再不能附干，如人死不可复生，刑不可复赎，花若能言，岂不悲泣！……还有未开之蕊，随花而去，此蕊竟槁灭枝头，与人之童夭何异。又有原非爱玩，趁兴攀折。既折之后，拣择好歹，逢人取讨，即便与之。或随路弃掷，略不顾惜。如人横祸枉死，无处申冤。花若能言，岂不痛恨！"①

宋人在花鸟画中移入了生命体验，因此认为好的画要有生机勃勃的气象。如果缺少"生意"，只能称之为"精"，而不能称为"妙"。《图画见闻志》对著名画家赵昌的评价是："工画花果，其名最著。然则生意未许全株，折枝多从定本。惟于傅彩旷代无双，古所谓失于妙而后精者也。"② 以画风隐逸潇洒著称的徐熙，也曾获得过"差评"，原因就在于没有"生意"：

> 江南徐熙辈，有于双幅缣素上画从艳叠石，傍出药苗，杂以禽鸟蜂蝶之妙，乃是供李主宫中挂设之具，谓之铺殿花，次曰装堂花。意在位置端庄，骈罗整肃，多不取生意自然之态，故观者往往不甚采鉴。③

以上两例明确向我们透露出以下信息：在宋人看来好的画要自然有生气，如果不能传达某种体验即使技巧精湛也不能视为佳作。这从另一方面也说明花鸟画有很强的装饰性，所以无论在宫廷还是民间都能得以流行。如何做到"有生气"呢？宋人说"气韵非师"，不是通过技巧练习达到的。要做到"有生气"还是要发挥移情在艺术中的作用，即将审美体验、生命体验移入对象之中：

---

① 冯梦龙：《灌园叟晚逢仙女》，见《醒世恒言》（卷四），天津古籍出版社2004年版，第55—56页。

② 米田水译注：《图画见闻志·画继》，湖南美术出版社2010年版，第156页。

③ 米田水译注：《图画见闻志·画继》，湖南美术出版社2010年版，第252页。

移情的现象可以称之为"宇宙的人情化"，因为有移情作用然后本来只有物理的东西可具人情，本来无生气的东西可有生气。从理智观点看，移情作用是一种错觉，是一种迷信。但是如果把它勾销，不但艺术无由产生，即宗教也无由出现。艺术和宗教都是把宇宙加以生气化和人情化，把人和物的距离以及人和神的距离都缩小。它们都带有若干神秘主义的色彩。所谓神秘主义其实并没有什么神秘，不过是在寻常事物之中见出不寻常的意义。这仍然是移情作用。①

由于移情作用的存在，体验越是深入、丰富、细微，就越会促进艺术手段的进步、审美意识的开拓、审美境界的提升。从某种意义上说，上述情形在宋代花鸟画的发展与变化中得到了验证。在花鸟画的创作上，宋代是一个异彩纷呈、百花齐放的时代。首先，宋代花鸟画多种风格并存。北宋前期的花鸟画承袭五代，经常被用来比较的黄荃及其子黄居寀和徐熙代表了"富贵"与"隐逸"两种风格：

居寀复以待诏录之，皆给事禁中，多写禁籞所有珍禽瑞鸟，奇花怪石，今传世桃花鹰鹘、纯白雉兔、金盆鹁鸽、孔雀龟鹤是也。又翎毛骨气尚丰满，而天水分色。徐熙江南处士，志节高迈，放达不羁，多状江湖所有汀花野竹、水鸟渊鱼，今传世凫雁鹭鸶、蒲藻虾鱼、丛艳折枝、园圃药苗之类是也。又翎毛形骨贵轻秀，而天水通色。二者尤春兰秋菊、各擅重名，下笔成珍，挥毫可范。②

这段文字告诉我们，黄荃父子与徐熙风格的差异在于他们的出

---

① 朱光潜：《谈美》，广西师范大学出版社 2006 年版，第 16 页。
② 米田水译注：《图画见闻志》，湖南美术出版社 2010 年版，第 45—46 页。

身、工作环境、创作对象。这不是本书论说的重点，重点在于黄荃和徐熙影响了西蜀画家群和江南画家群，形成了宋代的花鸟画个性最为鲜明的两大流派。

此外，宋代绘画还有一个重要现象即文人画的兴起。文人画的风格接近徐熙一派，但又不尽相同。因为文人毕竟不是专业画家，不似画院画家具备谨严的创作态度和精工细描的艺术水准。更为主要的是文人画不尚法度，意在追求象外之象、韵外之致。在创作风格上重意不重形。文人更倾向于在花卉中表达内心的真实感受、寄托个人的情感体验。文同所画的《墨竹图》就被认为体现了"身与竹化"的理想境界。

其次，宋代花鸟画表现手法多样，工笔、水墨、写意各显其能，体现了宋人审美体验的细腻与精致。北宋初期，院体花鸟普遍采用的是"双钩填彩法"，这种画法是在白描的基础上发展而来，先用线条勾描轮廓，再用色彩填充，线条纤细，色彩艳丽。徐熙之孙徐崇嗣，发明了"没骨法"，直接用色彩作画，不用墨笔立骨。北宋中期以后，"墨花"逐渐流行，有一个叫尹白的画家，专攻墨花，被苏轼评价为"花心起墨晕，春色散毫端"[1]。墨花创作是艺术对自然的风格化与理想化，花本以颜色取胜，水墨取代色彩，有很深的哲学背景，与宋人对"平淡"的崇尚有关。黑白两色才是天地间最绚烂的色彩。看似黑色的墨，却有浓、淡、干、湿、之分，在白色的宣纸上流淌出细腻丰富的变化。宋代的绘画工具的改进，在技术手段上保证了水墨花卉的发展。"墨梅"是水墨花卉中最突出的代表，学界普遍认为北宋花光仲仁开创了墨梅的画法，到了南宋扬补之那里，墨梅已经非常流行。扬补之不仅有墨梅创作，还有画梅理论。元代以后，墨梅成了梅画的主流。还有的画法不强调颜色，而是侧重对光影的表现。有一个叫做惠洪觉范的僧人，擅长画竹梅，他用皂子胶将梅画在生绢扇面上，在灯光和月光照映下，就能看到

---

① 米田水译注：《图画见闻志》，湖南美术出版社 2010 年版，第 383 页。

梅花的影子。

第三节　花语诗心：体验的诗化

宋代诗词中"花"的频率出现得很高。在中国国家数字图书馆提供的全唐诗、全宋诗分析系统中，笔者以表格最左侧数列中的词为检索词，分别在两个系统中检索，得到了一些数据（见表1、表2）。

表1　　　　　　　　　　　　　　　　　　　　　　　　　（单位：次）

检索词	唐诗	宋诗	相对比例
花	11184	40861	1：3.65
牡丹	137	497	1：3.62
梅	1058	12009	1：11.35
芍药	55	297	1：5.4
莲/荷	1161/871	3112/3797	1：3.4
菊	736	4380	1：5.95
兰	1708	5198	1：3.04
海棠	45	706	1：15.68

表2　　　　　　　　　　　　　　　　　　　　　　　　　（单位：次）

检索词	唐	宋	相对比例
瑞香	4	42	1：10.5
茉莉	3	46	1：15.33
月季	1	8	1：8
水仙	26	230	1：8.85
酴醿	0	155	

从绝对数量上看，宋代花诗要远远高于唐代。从题材分布上看，表1中主要是传统名花，唐代"莲""兰""菊"三种花卉在数量上占优，在宋代"梅"处于一枝独秀的地位。从表2中，我们能发现宋代诗歌涌现出很多"新兴"花卉，花的种类较前代丰富，以这个趋势

推测，宋代花诗的相对数量也要高于唐代。也就是说与唐代相比，花诗在宋代占据了更重要的地位。

杨联陞在《中国历史上朝代轮廓的研究》一文中注意到文化成果"量"与"质"的关系问题：

> 艺术、文学和哲学的历史还是表明了在质和量之间的一种相当密切的联系。比如在中国文学中，传统上把赋与汉朝、律诗与唐朝、词与宋朝、戏曲与元朝相联系起来。这些朝代被认为是创作出了最多而又最好作品的时代。这一联系是可以理解的，因为创作得最多的时代就有着极好的机会创作出最好的作品来。①

如前所述，宋代花诗数量极多。宋人本就有"以文入诗"的传统，大量的诗歌内容贴近生活，宋人将生活丰富的"赏花"体验记录在诗里。再加上宋代文人的文化素养较高，有意增加诗歌难度，重视诗歌创作技巧。因此宋代花诗不但数量可观，在质量上也无愧古今。台湾学者萧翠霞则从文学史、花卉文化史的角度对宋代咏花诗给予关注：

> 就诗歌发展史而言，宋代正处于集大成于开新局的枢纽地位。就花艺发展史而言，中国花卉鉴赏艺术的最高境界——花德，也在宋代臻于完备。以此二点观之，宋代咏花诗必有可观之处。而宋代又有北宋南宋之别，南宋由于时代环境的影响，对于花卉内涵的人文精神体会得更深刻，所以在咏花诗创作上的成就，更有甚于北宋之处。②

咏花诗词要表现花的外在形态和内在气质，"江头五咏，物类虽

---

① ［美］杨联陞：《中国制度史研究》，彭刚、程钢译，江苏人民出版社 2007 年第 2 版，第 6 页。

② 萧翠霞：《南宋四大家咏花诗研究》，文津出版社 1994 年版，第 1 页。

同，格韵不等。同是花也，而梅花与桃李异观；同是鸟也，而鹰隼与燕雀殊科。咏物者要当高得其格致韵味，下得其形似，各相称耳"。①宋代花文化成熟构成了咏花诗词兴盛的基础。花文化成熟的标志就是"花格"理论的完备，"花格"与人格是同一的。如果不能理解宋代花文化中的"比德"理论，也就无法理解宋代咏花诗词如何表现审美、情感、人生体验。

一 "花格"与"人格"：以牡丹与梅为例

在前文的叙述中，已经涉及在"天人合一"的思维模式下花卉的"人格化"的问题。在古人的意识深处，花是具有内蕴生命力的精灵。花的"人格化"不应该简单理解为人将自身的价值取向附加到花卉身上。花卉之所以能够映现出人的影像，是因为花卉天然地与我们具有同形同质的一面。

宋代花文化成熟的标志即"花格"理论的完备。时人对花的品格有大量的评价，诸如"花十友"说、"花十客"说，最广为人知的莫过于周敦颐在《爱莲说》中的总结。宋代的"花格"理论以牡丹和梅最为典型，牡丹以其富贵雍容赢得花王的美誉，而"梅"的君子人格形象也深入人心。

牡丹造型硕大丰满，颜色艳丽明快，开在暮春时节，不与百花同时。上述特点使得牡丹表现出了国色天香、雍容华贵的神采，深受人们的喜爱。欧阳修在《洛阳牡丹记》中说："洛阳亦有黄芍药、绯桃、碧桃、瑞莲、千叶李、红郁李之类，皆不减他出者，而洛阳人不甚惜，谓之果子花，曰某花、某花。至牡丹，则不名，直曰花，其意谓天下真花独牡丹，其名之著，不假曰牡丹而自可知也。其爱重之如此。"②

花的形象除了来自花卉的整体感觉、气质特点以外，更为主要的

---

① 于民主编：《中国美学史资料选编》，复旦大学出版社 2008 年版，第 298 页。

② （宋）欧阳修：《洛阳牡丹记》，李之亮笺注：《欧阳修集编年笺注》（第四册），巴蜀书社 2007 年版，第 373 页。

图十三 梅竹双鹊图

是人将主体情志寄托于其上。高承在《事物纪原》中说:"武后冬月游后苑,花俱开,而牡丹独迟,遂贬于洛阳,故今言牡丹者,以西洛为冠首。"① 这则传说塑造了牡丹傲岸于世、不随波逐流的形象。构成牡丹王者形象的又一原因是牡丹象征了富贵吉祥。牡丹本是单瓣花,多瓣、千瓣是人工刻意栽培的结果。牡丹的种植条件非常苛刻,非一般人家所能承受,所以牡丹又名富贵花。晚唐时出现了以牡丹为中心的花卉鉴赏理论:

① (宋)高承《事物纪原》,金圆、许沛藻点校,中华书局 1989 年版,第 551 页。

　　花九锡，亦须兰、蕙、梅、莲辈乃可披襟，若芙蓉、踯躅、望仙、山木、野草，直惟阿耳，尚锡之乎？

　　重顶帷（幛风）、金剪刀（剪折）、甘泉（浸）、玉缸（贮）、雕文台座（安置）、画图、翻曲、美醑（赏）、新诗（咏）。①

　　"花九锡"以牡丹为中心，兰、蕙、梅、莲尚可入选，芙蓉、踯躅等根本不能作插花的高级素材。"九锡"是古代帝王专用的仪仗，也可以赐给功勋卓著的将相，是贵族化的仪式。"重顶帷""金剪刀""甘泉""玉缸""雕文台座"无一不是在说陪衬牡丹的容器不可不精美。牡丹标志着国力的强盛，给人以自豪感与荣耀感。在宋人的笔记中提道："南汉地狭力贫，不自揣度，有欺四方傲中国之志。每见北人，盛夸岭南之强。世宗遣使入岭，馆接者遗茉莉，文其名曰小南强。及本朝鋹主面缚、伪臣到阙，见洛阳牡丹，大骇叹。有缙绅谓曰：'此名大北胜。'"②

　　出于上述原因，牡丹被塑造成了王者形象。在大量诗歌中，牡丹都被称作"花王"。"青帝恩偏压众芳，独将奇色宠花王。已推天下无双艳，更占人间第一香"（韩琦《牡丹二首·其二》），"牡丹花品冠群芳，况是其间更有王。四色变而成百色，百般颜色百般香"（邵雍《牡丹吟·二首》）。在人们笼统印象里，牡丹的"花王"地位是在唐代奠定的。大量的唐诗表达牡丹取得了集"万千宠爱于一身"的地位，但是根据在全唐诗分析系统中的检索，"花王"这个称呼仅仅出现过两次，其中将牡丹称呼为"花王"的诗只有1首，宋诗中"花王"却出现了76次。

　　梅出现在艺术领域要比牡丹早得多。《诗经》里就有咏梅的诗，可针对的是梅实而非梅花。在很长一个时期内，梅花与我们熟悉的花

---

　　①　（清）虫天子编：《中国香艳全书》（第1册），董乃斌等点校，团结出版社2005年版，第393页。

　　②　（宋）陶穀：《清异录》，见上海古籍出版社编《宋元笔记小说大观》（第一册），上海古籍出版社2007年版，第37页。

中君子形象相去甚远，被形容为"徒有霜华无霜质"（鲍照《梅花落》）。到了宋代，"梅"成为咏物诗词中最主要的花卉，并且有后来者居上之势，在《全芳备祖》中名列第一。与光彩照人的牡丹相比，清朗疏淡的梅何以能成为群芳之首？范成大曾指出"梅以韵胜，以格高"。那么"格"与"韵"的内涵具体是什么呢？在宋代美学语境下，"格"有物格、艺格、人格之分，"格"可以用于物，也可以用于艺术和人。"格"可以蕴于"形"也可以超越"形"。有格式、体貌、风格、品格之意。"格"还可以用于艺术领域，诗有诗格、画有画格、书法有书格，"格"可以指格调。宋人认为梅有"梅格"，在大量诗词中均有反映："诗老不知梅格在，更看绿叶与青枝"（苏轼《红梅三首·选一》），"诗格依然在，诗家莫认桃"（许及之《红梅》），"池边之梅梅格高，双月次第上林皋"（张侃《野航池边古梅二首·其二》）。

　　在宋代"梅格"的基本内涵是飘逸不俗，高洁洒脱。梅生命力顽强，不像牡丹那样需要人工精心培植。庙堂之上、王谢堂前不是梅的居所，它更爱山林月下，郊野水滨。梅花形娇小，香味淡雅，斜逸旁出，姿态万千。梅不畏霜雪先春而放，坚守孤独不与百花同开。梅的这些特点与儒家理想中的君子人格一拍即合，北宋中期以后，梅有取代牡丹之势，成为文人最钟爱的花卉。梅在诗歌里常常是品格高洁者的化身：

梅

王淇

不受尘埃半点侵，竹篱茅舍自甘心。

只因误识林和靖，惹得诗人说到今。

和刘后村梅花百咏（选一）

方蒙仲

　　　　　　凛凛冰清岩壑气，亭亭玉立庙廊身。
　　　　　　从前误把瑶姬比，雌了梅花俗了人。

　　从某种意义上说，梅与牡丹代表了不同的审美趣味，宋代恰恰处于转型期。"梅"开拓了中国艺术审美的荒寒境界，中国人生命的孤独感在梅那里找到了投射的对象。梅因其生长环境和艺术形象，往往与"雪""霜""冰""冷""寒""月""幽""淡""清"等幽冷气息的词语相伴，共同创造一个空灵、孤寂的世界。无人的天地看似幽深荒寒，心灵却可以得到孤独的涵养，通往"空山无人，水流花开"的自由之境。人在爱梅、赏梅、怜梅、惜梅的同时，发现了自己。

二　感性经验的伸张

　　花是自然界最美的产物。宋人对花木的感性体验，促成了艺术创作的动机。杨万里在《诚斋荆溪集序》提及自己作诗的体会时早有言明："自此每过午，吏散庭空，即携一便面，步后园，登古城，采撷杞菊，攀翻花竹，万象毕来，献予诗才，盖麾之不去，前者未雠，而后者已迫，焕然未觉作诗之难也。"（《诚斋集》卷八十）与前人不同的是，宋诗对花的描写，不是简单的印象式陈列，而是通过细致入微的观察对花的美好形象进行描摹。花诗记录了诗人的各种感官体验。宋代的咏花诗词对花的香、色、形、味、影格外关注。花的形象就体现在物理属性之中。

　　苏轼有一首描写梨花的诗，用雪来比喻花的洁白，"梨花淡白柳深青，柳絮飞时花满城。惆怅东栏一株雪，人生看得几清明"（《东栏梨花》）。杜牧有诗云，"砌下梨花一堆雪，明年谁此凭栏干"与之相似。只不过杜牧以梨花喻雪，苏轼以雪喻梨花，突出了梨花洁白的颜色。陆游在《海棠歌》一诗中回忆了自己初见海棠时所看到的情景，"碧鸡海棠天下绝，枝枝似染猩猩血。蜀姬艳妆肯让人，花前顿觉无颜色。扁舟东下八千里，桃李真成仆奴尔。若使海棠根可移，扬州芍药应羞死"。这首诗没有托物言志的色彩，充满了对海棠花自然美的欣赏。诗人用

"猩猩血"形容海棠动人心魄的视觉效果。先后以南充樊亭海棠、蜀姬、桃李、扬州芍药衬托碧鸡海棠的不同凡品。结尾两句说希望自己长生不老，为的是看海棠花，可见花的美有多么大的吸引力。

除颜色外，花的其他自然属性也是诗人关注的对象。酴醾、茉莉、桂花都是以香气取胜的花卉，宋人把嗅觉的体验写进了诗里："遥知不是雪，唯有暗香来"（王安石《梅花》），"一卉能令一室香，炎天犹觉玉肌凉。野人不敢烦天女，自折琼枝置枕旁"（刘克庄《末利》）。

还有相当一部分咏花诗词，不写一枝一花，不单单关注眼前对象的感性特征，还能够展开联想，从而达到对花的整体把握：

兰花

雪径偷开浅碧花，冰根乱吐小红芽。

生无桃李春风面，名在山林处士家。

政坐国香到朝市，不容霜节老云霞。

江蓠圃蕙非吾耦，付与骚人定等差。

这首诗是总题为《三花斛》组诗中的第三首，小题为《兰花》。组诗前面有一个小序说"省前见卖花担上有瑞香、水仙、兰花同一瓦斛者。买置舟中，各赋七字"。可知诗人观察到的是采撷下来的兰花。诗人对兰花进行了认真的观察，但也没有受到"这一株"的局限。他结合对兰花的认识，展开联想，描写并不限于眼前这一株，而是成为对兰花整体形象的吟咏。

对花的观察和体验促进了宋人在咏花诗中发掘、总结更多的艺术技巧。《诚斋诗话》中专门谈到过咏花诗中拟人、拟物的手法：

白乐天《女道士》诗云："姑山半峰雪，瑶水一枝莲。"此以花比美妇人也。东坡《海棠》云："朱唇得酒晕生脸，翠袖卷纱红映肉。"此以美妇人比花也。山谷《酴醾》云："露湿何郎试汤饼，日烘荀令炷炉香。"此以美丈夫比花也。山谷此诗出奇，古人所未有，然亦是用"荷花似六郎"之意。①

宋人在诗歌中描述了这么多与花有关的感性体验，与他们对"体验"的认识有关。在宋人看来，世界是可以被体验到的，而且仅仅存在于体验之中，人生活在自己的体验世界里，如果没有了声色臭味也就没有了天地万物。《王氏兰谱》中就有作者关于赏兰的"辩解"：

> 予嗜焉成癖，志几之暇，具于心，服于身，复于声誉之间，搜求五十品，随其性而植之。客有谓予曰："此身本无物，子何取以自累？"予应之曰："天壤间万物皆寄尔。耳，声之寄，目，色之寄，鼻，臭之寄，口，味之寄。有耳目口鼻而欲绝夫声色臭味。则天地万物将无所寓其寄矣。若总其所以寄我者而为我有，又安知其不我累耶？"客曰："然。"遂谱之。②

王贵学在这里提出了以花为寄的思想。对花的体验构成了一个可以被感知的美好世界。中国人的寄托之物不是天堂、不是客观的真理，它就在我们的生活里。中国人的"天堂"是顺着桃花就可以溯流寻找到的桃花源，是精神在人间的"芳香之旅"，并不是需要灵魂飞升才能到达的彼岸世界。从这个意义上说，赏花、咏花是构建美好体验的方式。

三　生活的情调

人与花的交流不限于自然审美的层面，花还进入生活领域。大量花诗的出现，说明宋人集中用艺术的方式传达生活体验。

---

① （宋）杨万里：《杨万里集笺校》（第八册），辛更儒笺校，中华书局 2007 年版，第 4373—4374 页。

② （宋）王贵学：《兰谱》，见杨林坤、吴琴峰、殷亚波编著《梅兰竹菊谱》，中华书局 2010 年版，第 38—39 页。

　　花诗反映出宋人生活中的休闲体验。欧阳修有大量吟咏恬淡生活趣味的赏花诗。花朵和屏风、砚台、团茶、白兔一样，是他文人生活的逸趣。比如《西园石榴盛开》："荒台野径共跻攀，正见榴花出短垣。绿叶晚莺啼处密，红房初日照时繁。最怜夏景铺珍簟，尤爱晴香入睡轩。乘兴便当携酒去，不须旌旗拥车辕。"诗人在石榴花下，拿出友人赠送的"珍簟"，闻着花香，听着鸟鸣，睡在绿荫下。这样好的兴致何须车马前呼后拥呢？这样的花诗中，花往往不是吟咏的中心，只是作为一个风格化的背景存在。

花下饮

徐积

我向桃花下，立饮一杯酒。

酒杯先濡须，花香随入口。

花为酒家媪，春作诗翁友。

此时酒量开，酒量添一斗。

君看陌上春，令人笑拍手。

半青篱畔草，半绿畦中韭。

闲鸟下牛背，奔豕穿狗窦。

潜身猫相雀，引喙禽呼偶。

包麻邻乞火，穿桑儿饷糇。

物类虽各殊，所乐亦同有。

谁知花下情，犹能忆杨柳。

中心卒无累，外物任相揉。

余方寓之乐，自号闲人叟。

　　"花下饮"的重点不是饮酒，而是休闲意味的体现，传达出宋人生活的精致和趣味。通过花下饮酒，诗人塑造了自己"闲人叟"的形象，表现出了田园之乐。这首诗中，"闲逸"不仅是生活观念，还关乎自我价值的实现。宋代文人所说的"闲"不是无所事事，相反非常充实，他们的休闲活动富于文化色彩和浓厚的艺术气息。宋代人更看重内心体验，"闲"的生活理想取代了外在事功，从审美方面讲这不是保守和倒退，而是向着更精深、细微处发展。

宋人的生活趣味不仅在咏花诗内容中得到了反映，还对咏花诗的创作发挥了影响作用。以咏花为主题的诗词创作活动在宋代文人生活里比较常见。文人之间诗词酬唱而以花为吟咏对象的例子比比皆是。李清照的这首《多丽·咏白菊》，通篇不着一个菊字，却写出了菊的颜色、香味、形态和品格：

> 小楼寒，夜长帘幕低垂。恨潇潇、无情风雨，夜来揉损琼肌。也不似、贵妃醉脸，也不似、孙寿愁眉。韩令偷香，徐娘傅粉，莫将比拟未新奇，细看取、屈平陶令，风韵正相宜。微风起，清芬酝藉，不减酴醿。

李清照的这首词作，体现了"禁体物语"的手法。所谓"禁体物语"，又称"白战体"，是指宋代咏物诗创作中出现的一种禁止使用常见、陈俗的体物语汇的创作态度，对诗歌的推陈出新、制造陌生化效果大有裨益。在这里，我们所关注的不是禁体物语诗的历史渊源、脉络和诗学意蕴，而是它所昭示出的生活态度和人生趣味："禁体物语"这一诗学规则的制定和执行，首先奠定了一种悠闲的生活态度和方式，唯其如此，方能在陈俗的体物语汇之外，拓展和深化"体物"的深度和广度，进而全方位地呈现审美对象在貌、象、声、色等诸多方面带给人的体验和享受。当禁体物语借着咏花诗创作流行开来的时候，花也就承载了宋人生活中所流露的闲适、恬淡的生活态度。

四　情感的交响

《文心雕龙·物色篇》中说："自近代以来，文贵形似，窥情风景之上，钻貌草木之中。吟咏所发，志惟深远。体物为妙，功在秘附。"在生活趣味之外,文人还在花诗中寄托了人的情感体验。

庆历五年(1045),欧阳修写下了这首看似寻常的小诗:"引水浇花不厌勤,便须已有镇阳春。官居处处如邮传,谁得三年做主人?"(《自勉》)欧阳修有强烈的以天下为己任的使命感与责任感。诗里提到的"官居处处如邮传,谁得三年做主人"是指欧阳修自景祐三年(1036)被贬夷陵起,就开始了漂游不定的宦海沉浮,几乎每年都赴一地上任,遑论三年!直到庆历三年(1043),仁宗锐意改革,欧阳修被任命为谏官,积极参与了一系列政治活动,包括罢黜夏竦、举荐石介等重大事件,还因恪尽职守"论事无所避"受到了奖掖。之后守旧派与改革派的争斗愈演愈烈,"朋党论"甚嚣尘上。范仲淹、富弼、杜衍、韩琦等人先后被罢,欧阳修自己也被外放。在这种心境下,欧阳修仍能以乐观的态度写下这首自我激励的诗。正是由于"引水浇花不辍"才换得"春色如许",联想到无论政治环境如何险恶自己都要如同辛勤的园丁恪尽职守。除了执着坚持外,还有一份"来去无牵挂"的豁达与洒脱。正因为这份达观,欧阳修才觉得苦难随时可能降临,人生犹如花朵,就不应该辜负美好时光,理应及时行乐。行乐的具体方式之一往往是赏花饮酒。"人生行乐在勉强,有酒莫负琉璃钟。主人勿笑花与女,嗟尔自是花前翁。"(《乐丰亭小饮》)"念花意厚何以报,唯有醉倒花东西。盛开比落犹数日,清尊尚可三四携。"(《四月九日幽谷见绯桃盛开》)

花诗呈现的情感体验不一定都是愉快的,有悲伤、遗憾、孤独、欣慰……情感真挚是诗歌的内在要求,也是诗人的自发愿望。但艺术是面哈哈镜,情感经由艺术世界的折射,表达效果会加强或减弱。

哭曼卿

去年春雨开百花,与君相会欢无涯。
高歌长吟插花饮,醉倒不去眠君家。
今年恸哭来致奠,忍欲出送攀魂车!

春晖照眼一如昨，花已破蕾兰生芽。

唯君颜色不复见，精魄飘忽随朝霞。

归来悲痛不能食，壁上遗墨如栖鸦。

呜呼死生遂相隔，使我双泪风中斜。

　　这首诗是北宋著名诗人苏舜钦为自己的好友石曼卿写的挽诗。去年百花盛开的时候，与好友插花高歌醉饮，"醉倒不去眠君家"写出了二人的亲密与相聚的欢乐。今年花又能再生，可人却不能复见。往昔欢乐的场景历历在目，更衬托出现在的悲凉。这里花作为自然景物，被涂抹了强烈的主观情感色彩。

图十四　夜合花图

花是自然物，同时也是艺术表现的对象。宋人投射在艺术中的花情雅趣，与他们的哲学观念和审美观联系在一起。宋代被认为是自然审美认识的深化期，也是花文化的成熟期。与花有关的谱录和艺术，实际是宋人对花的精神描述。以花为体验对象，我们可以看到宋人对自然的审美认识、对艺术的理解，对生命的感悟。宋人对花的审美体验，更加细腻精致，也更加世俗化生活化。另外，体验的精细与深入也推动了文学艺术表现技术的提升、审美境界的开拓。

结语　花的隐喻

　　从整个中国文化史的发展、演进轨迹来看，两宋无疑处在历史转型之关键的过渡阶段，即从贵族文化向士大夫文化和平民文化的嬗变：一方面，宋代持续的太平景象孕育出了一种读书人自觉"先天下之忧而忧，后天下之乐而乐"的精神，在此种精神的感召下，中国社会由魏晋至唐前期的贵族主导，转向一种"士大夫社会"；另一方面，由于文人士大夫大多出身平民而非贵族阶层，其所携带的平民文化基因，也随着这一阶层的崛起而弥漫到全社会，从而使两宋的文化走向形成了一种整体性的世俗性、平民性趋势。两宋的审美文化及其历史动向，即应放置在这一整体性的历史趋向中加以考察、反思和阐释，这构成了本书写作过程中潜在的最基本的问题意识。

　　事实上，通过本书对两宋士大夫和平民阶层所流行的以花为媒介的生活风尚的考察，上述问题在某种程度上获得了验证。这集中展现在一种以文人士大夫群体为核心、弥漫至全社会的审美风尚的形成——作为一种审美对象的"花"，在丰富多彩的审美活动中，扮演着审美趣味的象征物的身份。宋代文人士大夫对日常生活、世俗人生和生命、自然、社会的理解，以及基于此种理解所展开的生命养护、日常生活实践、社会交往乃至文学、艺术创造，都在赏花、咏花和对花的种种功利性使用行动中得到呈现。这种文人士大夫所主导的审美风尚的核心要义在于日常生活和世俗人生的审美化和艺术化——所谓"审美化"，与近年来全球范围内所兴起的大规模的"日常生活审美化"不同，后者基于一种"现代性"社会语境，以文化、艺术和审美的大规模工业化生产为技术底蕴，其所面临的问题，也是现代人在现代性语境中所面临的感性与理性、情感与精神、生活与工作、个体与群体的内在断裂和紧张关系；而两宋的日常生活和世俗人生的审美化，乃是在宋代经济、文化蓬勃发展的基础上，一种源自传统文化内部的诗意生活、艺术人生愿望的实现。换言之，在儒、道两家思想传统中，均将诗意的、艺术的人生作为重要的人生理想，如孔子所言的"游于艺"、庄子所倡导的"神与物游"等闲适人生，只不过儒家的诗意人生建立在事功而后的基础上，而道家则完全摆脱了社会性的制约——此种人生理想、生活追求，在两宋以前，只在贵族阶层得以实现；到了两宋，则呈现出了向平民阶层拓展的历史趋向。就此而言，文人士大夫以及他们的效仿者平民阶层，在两宋的"赏花"风尚中得以成为文化的主体，获得了日常审美的权力。这是中国文化走向平民和世俗之"下移"的重要表征。

　　然而，仅仅以"平民化""世俗化"来概括两宋的文化趋向显然是不够的。在宋人的"赏花"风尚中，我们还看到一种世俗人生、日常生活的精致化、优雅化倾向。这种世俗人生的精致化和优雅化突出地呈现为宋人在生命养护、社会交际、日常居处环境润饰乃至风俗习气等各方面对花的重视上。本书讨论了宋人的簪花习俗、花与宋人的日常生命养护和日常生活环境润饰之间的关系。对于日常生活和生命养护而言，花绝非最紧要、须臾不可离的物质资料，然而宋人的生活实践却将其转换为一种常行日用中不可或缺的事物，在这从"可有可无"到"必不可少"的转换机制中，蕴藏着一个深刻的生活和思想逻辑：人们的生活对物质的需求固然是基础性的、根本性的，但人在日常生活中占有的所有物质并非均是为了满足物质性的需求。换言之，花在更多时候，给宋人提供的乃是一种审美的、精神的需求——这自然无须赘言，值得注意的是，这种审美的、精神的需求在宋人的生活中成了必不可少的一部分，尤其是对于原本生活在粗粝、单纯、枯燥的环境中的平民阶层而言，在文人士大夫的引导和影响下，其世俗人生、日常生活也经历了一番精致化、优雅化的改造。就此而言，将两宋称之为史无前例的文化史高峰，可谓不刊之论。也正因此，在明清时代的文化史表述中，宋代常常被描述为文化的"理想国"，被作为优雅生活的典范，即便明清时代本身的生活不论从物质的丰富性，还是从文化的多样性方面，都远远超越了宋代——这是中国平民阶层整体的文化和审美素养大幅度提升的历史时代。

而尤为值得关注的是，宋代文人交游和雅集活动中常见的赏花、咏花现象，以及文人士大夫在人情往来中"以花为馈"的社会交际，一方面表明了即使是在社会交际这一功利色彩极为显著的领域，也体现出了一种艺术化的处理方式；另一方面也体现出一种更为复杂的社会观念——宋人在社交场合或人事往来中以花来表情达意，传达政治的、伦理的、情感的诉求，在某种程度上掩饰了政治的冷酷、伦理的强制和情感的直露，从而使社会关系变得复杂、微妙，由此也影响到了中国社会之深层构造的改变。它至今仍根深蒂固地影响着我们的社交思维，关于它的评价，当前自然存在着极端化的差异，然而若暂时放弃价值的判断，而从历史的层面考察，这种充满了"人情味"的复杂性社交思维及其功过是非，无疑要追溯到我们所讨论的这一历史时段。我们不是历史决定论的信奉者，然而也不能无视历史积淀本身所具有的延续性和一贯性。

宋人赏花、咏花和对花的种种功利性使用行动在某种程度上推动了中国人对于自然的认识、理解和表现。如众所周知，在中国传统思想观念中，"自然"并非客观化的物质性存在，而是对于包括人在内的宇宙万物之本原状态的描述。尽管不同的思想流派和人物对于自然的阐释存在着很大的差异，但在两宋以前，除了《齐民要术》等著作外，鲜见地将自然和自然物作为客观的认识对象加以讨论、分析的例子——即便我们假设宋以前曾经存在过许多类似于《齐民要术》的文本，但它们最终都沉寂于历史的河床中无法为世人所知，也足以说明其不被重视的程度。两宋则不然，以"赏花"为契机，宋人对花这一自然物的记录、观察和分析可谓无微不至，由此产生了一大批具有科学的认识论价值的花卉谱录类著作。这些著作之产生，固然主要源于审美的动机，即为了更好地满足审美的、精神性的需求，并且就其记载而言，也难以做到完全的客观化，但这一现象本身在客观上却指向对象化了的自然，由此孕育着一种近代"科学"精神的萌动。所以在中国古代科学史研究领域，众多的学者对两宋投射了超常规的关注。

同样为了更好地保存和记录那些飘瞥难留的赏花的审美体验和快乐，宋人在艺术和文学领域展开了空前的探索。以花为表现对象，从写实性的敷彩设色的工笔花鸟画，到抒情性的水墨写意花卉，从卷轴到册页、扇面，绘画领域在物质手段和表现技巧方面，均大显身手，深化拓展，艺术也因此而逐渐从庙堂走进厅堂，从少数具有家资和鉴赏力的收藏家延展到市民阶层。这种艺术史的整体走向，正是在具体而微的花卉图写中奠定、展现出来的。在诗歌和散文领域，通过宋人的咏花诗词和相关散文作品，我们能够看出文学的语言、表现技巧也获得了自觉的锤炼和提升：宋代文学对花卉的吟咏和表现不再是印象式、罗列式的，而是深入局部和细节，并且与更为精妙、细微的生活体验和人生经验建立了不可切分的内在关联。这一方面推动了文学和艺术的表现领域的拓展，另一方面也促进了审美和表现之技术、境界的提升：感官知觉在深度和广度层面均有拓展，经验表达的方式和可能性得以不断开拓。

综上而言，在宋人的"赏花"风尚中，审美体验固然是其中重要的一个领域，但在更为广阔的认识和伦理领域，它也显示了自身的价值。如果我们捕捉到足够的细节和信息，从历史的纵深抽身、反观历史本身的话，这一寻常现象的价值和意义便会展现得更加清晰。出于这样的认识，本书从整体性的视野对其审美、认识和伦理价值讨论，与其说本书意在穷尽其意义和内涵，毋宁说是展开了一次观察、讨论和反思的方法论冒险。笔者的认识和结论自然也不敢妄称突破或开拓，但这样一种针对具体事物和现象，基于历史语境本身展开的多个维度的讨论，或可对相关的研究提供一定的借鉴和参考。

附录　宋代花书

宋代是花文化发展的高峰，表现之一即大量与花有关的谱录出现。有的是专论，有的是把花作为一地风物来描述，有的是把花作为园林的一部分来呈现。这些花书全面反映了宋代花卉研究的科学认知水平和当时社会对花的审美心理。

在宋代以前，也有一些关于花的著作。比如，晋代稽含作的《南方草木状》南朝齐梁间的《魏王花木志》、还有唐代王芳庆撰写的《园林草木疏》、罗虬写的《花九锡》，等等。

稽含编的《南方草木状》将植物分成四类：草类、木类、果类、竹类。这个分类依据植物本身的属性，对后代很多花书都有启发意义，比如《全芳备祖》就发展了《南方草木状》的植物分类。《南方草木状》记录了当时"海外"植物进入中原地区的状况，茉莉花就是"胡人自西国移植于南海"，当时女子以此为配饰。除此之外，花的药用、食用价值也被注意到。

《魏王花木志》虽然也描述了个别花卉的形状样态，但是更多关注的是花卉的食用功能，而且研究对象里树木、蔬果要多于观赏性花卉。这说明在当时的社会条件下，花的观赏价值要让位其实用价值。

《园林草木疏》是唐代王方庆所作。顾名思义，记述了几种在当时园林中常见的植物，有蜀葵、蔓胡桃、鬼皂荚、蒟蒻等。《园林草木疏》里出现了价值判断，即花与人一样，有雅俗之分，里面提到一种叫做金灯的花，花朵繁多明艳，枝条柔软下垂，被认为是恶俗人家种植的，自家种花的种类与主人的品性联系起来。与《园林草木疏》同时期的另外一种花书《花九锡》也有这种思想倾向，这说明花的等级观念开始形成。

总的说来，唐以前花卉还被视为农作物的一部分，观赏性并没有得到充分重视。东汉末年，后来号称百花之王的牡丹首先因其药用的功效出现在《神农百草经》里。我国伟大的农业著作《齐民要术》认为花草之流只有悦目的作用，只有春花而无求实，没有太大的价值，反映了我国作为农业大国当时社会对花的主流思想。学界普遍认为中唐以后，随着社会经济的发展，花卉与农作物种植相分离。花卉种植业大量发展，唐代都城长安已经出现了专门的花卉交易场所——花市。

到了北宋，花卉种植已经成为专门的研究对象，花作为一门观赏性的经济作物，其习性被充分考虑。由于推陈出新，培育良种的需要，接花、分花的行为非常普遍。接花、分花的方法《洛阳花木记》已经出现。指出接花要根据地气，列举了各个节气嫁接花的种类。文中详细写了分芍药：分芍药最好的时节是处暑。其次是八月，再次是九月。取芍药的时候，不能损伤芍药根脉。取出后，要洗净上面的土，看窠株大小，花芽多寡，视情况决定分根。分根时每窠须留四芽以上，才能保证存活率。接着用颗粒细腻的黄土和泥采浆，蘸花根坐于坑中。而且不能栽种得过深，花根栽种太深花开不多。新栽的花每窠只留一两朵花。等一二年之后，每窠只留四五朵花。如果留的花朵过多的花，就没有办法培养成千叶品种。在这段描述表明了宋人已经摸索出较完整的分栽花卉的经验，对花的习性非常了解。另外宋人对芍药的鉴赏也和牡丹一样偏爱多叶品种。

在栽种技术方面，经验比较丰富的是南宋出现的《种艺必用》。《种艺必用》由明代永乐大典收录，清代四库全书失收。《种艺必用》主要介绍了插花、接花、保存花的方法。比如说种好花木，就可以在旁边种葱、韭菜、蒜等植物，躲避麝香的损害。再比如说冬天天气寒冷，花朵不易保存，就可以用炉灰放置或硫磺放置在瓶底。在今天看来，《种艺必用》里的某些条目缺乏科学依据，更多的是经验的积累，但当时，这已经是最科学最详实的花卉种植研究方面的著作了。强调花的保存主要是出于瓶花保鲜的需要。这说明插瓶在宋代是人们日常生活中非常重要的活动了。

宋代花书的成就远不止于此。宋代出现了第一批中国花卉专论：牡丹、芍药、梅花、菊花、海棠花、兰花、玉蕊花都进入了人们的视野。研究范围之广，种类之全不仅是空前的，就某些品种来说（如芍药、海棠）还是绝后的。后世再无关于此二种花的单独论述。宋代花书无论是在深度上还是体例上都有很大的突破，既有总论也有专论还有兼论。总论有《本草图经》、《洛阳花木记》、《花经》、《桂海虞衡志》、《离骚草木疏》、《楚辞芳草谱》、《全芳备祖》）、《种艺必用》。专论涉及到的花的种类很多，有梅花、牡丹、芍药、菊花、兰花、海棠花、玉蕊花。宋代是花谱录发展的重要时期，很多花卉的第一部专论类花书都是在宋代出现的。比如，第一本菊谱：刘蒙撰的《菊谱》；第一本梅谱：范成大《范村梅谱》；第一本描绘梅花的木刻画谱《梅花喜神谱》；第一本芍药谱、海棠谱。此外，还有一些介绍园林、地区的作品也涉及到花，如《艮岳记》、《桂隐百课》、《吴兴园林记》等。在宋代植物花木成为学术研究的一个角度，如《离骚草木疏》、《楚辞芳草谱》。一方面说明《楚辞》中的植物引发了求知需要，另一方面也说明人们对花卉的关注，可以成为文学批评的一个角度。

与前代相比，宋代的花卉研究的新特点有：

第一，宋代的花卉研究是具体而系统的。涉及到方方面面，包括分类、形态、花色、产地、习性、培育理论，鉴赏文化，等等。与前代单一性研究不同，比如《魏王花木志》仅仅列举了一些植物的名字、样态是非常简单的。宋代花书则不同，比如《洛阳花木记》首先描述了宋代洛阳牡丹名动天下的盛况。在赏花生活成为宋人日常行为之后，为了满足人们的观赏需要，牡丹的品种也大大增多，研究牡丹自然也就成为文人的课题。周启的写作就参考了前人的花谱，包括李德裕的《平泉花木记》、范仲淹、欧阳修的花谱。他的写作态度非常认真，首先按照前人对花的描述去寻找实物并进行比对，然后再将近世所出新花著录下来。

　　第二，从注重植物的实用性转向关注植物的观赏价值。如前所述，《南方草木状》里面强调的是花的实用功能。而宋代大量的花谱强调的是花的审美标准。比如牡丹以黄色、千瓣为美。梅花以花形小，花朵疏淡，花枝有造型感，香气清远者为上品。

　　第三，花品观念的建立。我们现在的花品观念是从宋代开始建立的。比如牡丹为花王、芍药为花相，海棠为花中神仙，梅兰竹菊象征君子人格等等。张翊的《花经》曾经把花按照"九品九命"排序。在北宋中期以前，牡丹的地位极高，花王的美誉。因此北宋中期以后，有花中君子之称的梅地位上升，成为人们最喜爱的花卉。《梅花喜神谱》的作者在序言里表达了自己爱梅的心志和行为，生活中离不开梅。不仅要植梅、赏梅、嗅梅，还要写梅、画梅。

　　宋代花书高度发达，具有科学价值也取得了很高的美学成就，其根本原因在于花在宋代成为重要的审美对象。在宋代以前，中国的市民阶层十分弱小，赏花只停留在贵族阶层。在生产力比较低下的时期，花卉被视为浮伪之物，不能解决百姓的生计问题，种植遭到限制。到了宋代，城市的发展孕育了规模庞大的市民阶层。市民阶层主要从事商业、手工业活动，无需局限在土地上，有相对充裕的时间。这样市民阶层就需要有丰富的精神文化生活。勾栏瓦肆等娱乐场所就是在宋代发展起来的。市民有了审美意识，就拉动了社会的审美需要。花卉具有极佳的观赏性，就成为人们日常生活中重要的一部分。宋代经济发达，审美需求旺盛，出现了花卉种植基地。新品辈出，花卉的种类极大丰富，带来了极大的经济效应，有关花的种种问题自然也就成了热点。宋代的文人士大夫追求雅趣的生活，种花、护花、插花是他们人生精致化追求的一种外在表现。花还是艺术创作的对象，以花为题材的绘画、文学作品大量兴起。因此宋代花书大量涌现也就不足为奇了。

　　目前现存的花书，主要分成三类即总论类、专论类、兼论类。即总论类花卉专书，包含多种花卉，再分门别类的单独论述，如《洛阳花木记》、《全芳备祖》。专论类花书，只记一种花卉，如欧阳修《洛阳牡丹记》专门辑录洛阳地区的牡丹、范成大《梅谱》记录江苏的梅。兼论类花书即花卉内容的农书、地方志，如《种艺必用》、《桂海余衡志》。

一　总论类花书

（一）《洛阳花木记》

作者周启，活跃于熙宁、元丰年间。洛阳以牡丹闻名，世人往往不知有它。本书的目的之一就是全方位介绍洛阳的花木。全书分为牡丹、芍药、杂花、果子花、刺花、水花、蔓花。从分类上，明显能够看出牡丹和芍药这样观赏性强的植物在宋代的独特地位。文中记录牡丹合计 109 种，其中千叶牡丹 59 品，多叶 50 品。芍药共 41 种，杂花82 种，果子花 10 种，梅亦在其列。刺花 37 种，包括蔷薇、酴醾、玫瑰。草花 89 种，有兰、菊、萱草。水花 19 种，主要是莲。蔓花 6种，包括凌霄、牵牛花等。除了花品外，还有对花的栽培技术的介绍，如变接法（不同品种嫁接）、接花法、栽花法、打剥花法、分芍药法。每种方法都非常详备，体现了较高的园艺水平。

（二）《花经》

作者张翊，作者的生活年代当是五代到宋过渡时期。他按照人的品级，为花标榜，排出了"九品九命"的秩序等级，为当时的人所接受。当时被评为"一品九命"的花有：兰、牡丹、腊梅、酴醾、紫风流（瑞香花）。《花经》主要还是反映了宋以前的花文化积淀和赏花趣味。兰从孔子那里就被认为是君子的象征。牡丹有花中之王的美誉，唐人尤爱牡丹。这里的腊梅与梅有很大的区别，在北宋后期尤其是南宋被称为天下尤物的梅此时排名并不高，仅在"四品六命"。梅的排序并不高，仅排在"四品六命"。

（三）《离骚草木疏》

宋代吴仁杰撰，全书分为四卷，成书年代是在南宋宁宗庆元年间。吴仁杰字斗南，曾任国子学录。《离骚草木疏》是对《离骚》里出现的花草、树木、果实的全面注解，多以山海经为依据，旁征博引，有利于全面理解《离骚》，是对王逸《楚辞章句》很好的补充。

（四）《楚辞芳草谱》

谢翱撰，翱字皋羽，长溪（今属福建省）人。此谱记录了《楚辞》中江蓠、薰草、菌、兰、蕙、杜若、茝、蘪芜、卷施、菉、菊、荃、薜荔、款冬、艾、葽、莎、匏、蓼、茨、菱、蘋、萍等二十三种芳草。《楚辞芳草谱》和《离骚草木疏》的出现，说明宋人开始关注植物，包括文学作品中的植物，也就是说植物作为重要的审美对象被研究和关注。

（五）《全芳备祖》

《全芳备祖》是我国古代一部专门辑录植物的资料。一书分为前后两集，前集 27 卷，后集 31 卷。南宋人陈咏编辑整理，但是本书付刻是在南宋末年，国运式微，此书流传未广，留存国内的也只有寥寥几部手抄本，天一阁藏本和文渊阁皆未能收录全璧。1982 年农业出版社出版的《全芳备祖》系根据日本保存的宋刻（前集 14 卷，后集 27 卷），呈现了原书全貌。

该书的特点是"全且备"，尽可能搜集各种植物，涉猎到每一花的诗歌、文赋、散文、传说都记录下来。因此《全芳备祖》一书不仅有植物学上的价值，还有文学、美学方面的价值。对花卉文学的整理具有史料价值。在书的编纂内容方面，对花种类的次序安排，反映了人们对花的评价标准。此时梅已经取代牡丹，跃升为第一位。

二　专论类花书

（一）梅花类

1. 《梅品》

宋代张镃（张功甫）作，张镃能诗擅词，又善画竹石古木。《齐东野语》称赞他"其园池声妓服玩之丽甲天下"。在他身旁聚集了大量文人，曾经在自己的南湖别墅中，举行大量的集会。赏花活动是文人雅集的重要内容之一，张滋举办过闻名于世的牡丹会。南湖别墅设计讲究，欣赏不同种类的花卉有不同的场所，玉照堂就是专门的赏梅场所之一。张镃《梅品》就把花当作人来看待，写了"花宜称二十六条"、"花憎嫉十四条"，"花荣宠六条"，"花屈辱凡十二条。"

2.《梅谱》（亦名《范村梅谱》）

范成大的《梅谱》与欧阳修的《洛阳牡丹记》可称得上是宋代花书的双璧。一个记录洛阳地区的牡丹，一个记录苏州的梅花。北宋中期以后，人们对牡丹的喜爱渐渐让位于梅花，《范村梅谱》里如实表现出这样一种审美趣味的转变。

审美风尚的改变又催发了新的经济利益。卖花人投机，强行改变花的习性。比如"早梅"一条，提到了卖花人为催得花开，把未开花的枝条折断置于浴室之中以热气熏蒸。这样的梅花当然是以次充好，是没有香味的。对美的追求在社会层面引发了经济效益，人们"尽美"未必"尽善"。

3.《梅花喜神谱》

《梅花喜神谱》是我国第一部描绘梅花的木刻画谱，是我国最早的木刻图籍，同时也是我国第一部梅的画谱谱。古代称画谱为喜神，由此得名。作者宋伯仁，字器之，号雪岩，湖州人，曾任盐运司属官，能作诗，擅长画梅。

《梅花喜神谱》用图画的形式着力表现梅花从花蕾到凋谢、结梅实的全过程。每个环节又竭力表现出梅花的丰富性与多样性。表现蓓蕾的"蓓蕾四枝、大蕊八枝、欲开八枝，大开十四枝、烂漫二十八枝、欲谢十六枝、就实六枝"合计一百幅图。作者善于观察、精于选材，严格取舍，只留一百幅图。每图多一枝一蕊，形象鲜明而富有变化；同是梅花怒放又分为二十八幅图画。每幅图画左边题四句古律，依据花的不同情态写成，合于情境。

（二）牡丹类

1.《洛阳牡丹记》

欧阳修的《洛阳牡丹记》，是现存最早的关于花卉植物的专门论著。在这篇文章里，他以洛阳牡丹为研究对象，谈到了洛阳牡丹的品种变化、命名方式、培植技术以及当地爱花、赏花的风俗。据称这篇文章一经问世，便引起了极大反响，著名书法家蔡襄特意将此文制成石刻。它开创了后来花谱的写完，比如南宋陆游的《天彭牡丹谱》就完全应用了《洛阳牡丹记》的体例。

《洛阳牡丹记》分为三部分。花品叙第一，解释了洛阳牡丹天下第一的原由。花释名第二，这一部分解释了命名由来，或者以发现者的名字，或者以花卉的特点标志，或者以牡丹花的产地来命名。风俗记第三，描述了当时洛阳人赏花已经成为一种新民俗。此外《洛阳牡丹记》讲解了很多育花的常识与技巧。如接花的知识、浇水的常识、除病虫害的方法等。

2. 《洛阳牡丹记》（周师厚作）

周师厚（1031—1087），字敦夫，号仁热，生于北宋天圣九年，卒于宋哲宗元佑二年。洛阳牡丹记作于元丰五年，即1082年。文中记录了牡丹花的很多品种。这反映出当时宋人对牡丹的喜爱催生了新品种的出现。牡丹以黄色为贵，黄色的牡丹排列在前面。除黄牡丹外，还有红牡丹、紫牡丹、白牡丹，等等。

3. 《陈州牡丹记》

作者张邦基，此文篇幅较短，主要是围绕牡丹引发的社会问题展开的。

4. 《天彭牡丹谱》

陆游与花结缘很深，牡丹、海棠、梅花都很喜欢。陆游用了《洛阳牡丹记》的体例，全文分为三部分：花品序、花释名、风俗记。天彭牡丹在蜀州为第一，在中州洛阳为第一。天彭同样以花闻名，被命名为小西京。与《洛阳牡丹记》相比，《天彭牡丹谱》出现了几个新品种。

5. 《牡丹荣辱志》

《牡丹荣辱志》与《梅品》在内容上相似，分为"花君子"、"花小人"、"花亨泰"、"花屯难"四条。牡丹的自然习性都从拟人化的角度写出。此外对赏花情境、心态举止都具有优雅性的文字描述。

（三）芍药类

1.《扬州芍药谱》

宋代王观作，作于 1075 年。此谱有序、有品级评定、有后论。我们从中可以了解到宋人认为扬州得天独厚，芍药受天地之气而生。其次，扬州花工善于治花，比如"分根法"、"掐枝法"，保证芍药年年鲜妍。第三，花卉作为商品流通，已经有较稳定的花市。

2.《芍药谱》

孔武仲作（1075 年）。通过《芍药谱》可以了解当时人们的审美意识和芍药种植技术情况。人们以芍药花朵硕大富丽为美，以黄花为贵。这点与人们对牡丹的审美标准类似，追求"敷腴盛大，纤丽巧密"，"高至尺余，广至盈寸。其色以黄为贵"。为了保持审美新鲜感，人们不断培育新品种，扬州芍药品种多变。由于爱花风气浓厚，扬州芍药形成商品化、产业化，说明大规模的芍药种植基地已经出现。在人们的日常生活中，赏花也成为了新的民俗。

（四）菊花类

1.《菊谱》（《刘氏菊谱》）

北宋刘蒙，徽宗崇宁年间作。这是我国历史上第一部菊花专论。全书分为序、谱和补遗。《刘氏菊谱》在肯定菊花花色、花香花形具有可取之处后，更看重菊花的拟人化品格。《菊谱》里列举了三十五中花品。定品的首要标准是花色，然后是花香与形态。菊以黄色为正品。这奠定了之后对菊花的品鉴以黄菊为上品的传统。《菊谱》还具有科学精神，定品前先设"说疑"部，考察古书中的何种菊有苦味的说法。

2.《菊谱》（《史氏菊谱》）

史正志作，又称《史老圃菊谱》。史谱提出，菊花寒秋独放不与百花争艳是品性高洁的象征。从比德理论出发将花卉的自然习性上升为君子人格的象征。

3.《菊谱》（《范村菊谱》）

范成大所作，因在范村种菊而得名。菊花品种很多，形色幻化多变。此谱列举了 35 种菊花。① 当时的人把黄色菊花当作正品，黄菊为首，白菊次之，杂色菊又次之。除此以外，范成大还介绍了菊花的药用、实用功能，以及世人对菊花的喜爱和鉴赏方式。

4.《百菊集谱》

《百菊集谱》是南宋史铸撰。此谱初成于淳裕二年，先成五卷，整理了周师厚、刘蒙、史正、范成大、沈兢等人所作的菊谱，四年后，得胡融菊谱为第五卷，原书第五卷移为第六卷。又四年后，作《补遗》一卷。

卷一辑录了《洛阳花木记》的菊部、刘蒙、史正、范成大的《菊谱》，卷二辑录沈兢写于嘉定六年的菊谱，卷三分别是种艺、故事、方术、古今诗话等几方面的内容。卷四为历代文章，所选多非全文，包括唐宋诗赋并有一些选句" 卷五为胡融撰于绍熙辛亥年间的菊谱。卷六是史铸根据各品菊花作诗以及其他诗人的诗句。

（五）兰花类

古代花谱以数量计，菊谱第一，其次就是兰谱。

1.《金漳兰谱》

三卷，宋代赵时庚作，全书分为五部分：记录了兰的姿容、品种、习性、适宜环境、灌溉方法。

2.《兰谱》

宋代王贵学作（1247 年），又名《王氏兰谱》。作者搜寻种植了五十种兰花，探讨了花的品第、产地、灌溉、分拆的方法。

（六）海棠类

1.《海棠记》

沈立做的《海棠记》已经失传，我们只能从陈思作的《海棠谱》中发现此文的面貌。沈立自言他做的《海棠记》可能是历史上的第一本海棠专谱。海棠在宋代为人钟爱，是诗人歌咏的对象。

---

① 自序为 36 种，清《周中孚郑堂读书记》认为六乃五字的误笔，并非菊花的品种佚脱。

2.《海棠谱》

宋代陈思作（1259 年），分上中下三卷。上卷主要根据各类笔记和诗话辑录了与海棠有关的典故轶闻趣事。中卷和下卷都是唐宋诗人对海棠题咏。花的色、香、形、态成为评判花卉的首要标准。陈思在《〈海棠谱〉序》里指出世上的花卉，虽然种类不同，有的颜色鲜艳，有的香气醉人，但都具有观赏价值。其次，花的物质形态被认为是构成整体花卉精神气质的先决条件，因此花谱都不遗余力地对花进行描述刻画。

（七）玉蕊花

《玉蕊辨证》又名《唐昌玉蕊辨证》，宋代周必大作。《玉蕊辨证》主要是围绕玉蕊花是不是琼花或山矾花这一问题展开的。玉蕊乃唐代名花，相传乃是唐明皇之女唐昌公主在长安唐昌观亲自栽种。《玉蕊辨证》里收录了很多唐人咏玉蕊花的诗句。在张籍、白居易、刘禹锡的笔下都有对玉蕊花的歌咏。宋代文献记载中提及到琼花的有王禹偁和《齐东野语》一书。随后刘敞、宋祁、宋敏求等人认为琼花即是玉蕊花。比如刘敞《移琼花》一诗中说，"淮海无双玉蕊花，异时来自八仙家"。曾慥《高斋诗话》里，认为玉蕊花、琼花、山矾是一种花。

周必大在总结了前人种种说法之后，根据亲身种植实践在跋语中得出了自己的结论——玉蕊、琼花、山矾本就是三种花。

三 兼论类花书

1.《桂海虞衡志》

范成大在桂林时记录的当地风土人情物产民俗的笔记。从中选取了有关花木的研究，称为《桂林花木志》。记录了桂林当地花的颜色、样态、品种、开放时间。此书对我们了解广西桂林的植物有很大的帮助。

2.《种艺必用》

《种艺必用》是讲农作物种植方法的书，其中也包括花，首次打

破了贾思勰在《齐民要术》将花视作末流的思想。《种艺必用》涉及
到接花、种花、保存花的方法。尽管相当一部分内容是从经验出发
的，此书反映了宋人对花卉种植的科学认识水平。

参考文献

典籍

北京大学古文献研究所编:《全宋诗》,北京大学出版社 1991 年版。

唐圭璋编纂,王促闻参订,孔凡礼补辑:《全宋词》,中华书局 1999 年版。

上海古籍出版社编:《宋元笔记小说大观》,上海古籍出版社 2007 年版。

王群栗点校:《宣和画谱》,浙江人民美术出版社 2012 年版。

曾枣庄,刘琳主编:《全宋文》,上海辞书出版社 2006 年版。

(宋)蔡绦著,冯惠民、沈锡麟点校:《铁围山丛谈》,中华书局 1983 年版(2011 重印)。

(宋)陈景沂辑:《全芳备祖》,农业出版社 1982 年版。

(宋)陈师道著,李伟国点校:《后山谈丛》;(宋)朱彧著,李伟国点校:《萍洲可谈》,中华书局 2007 年版(2011 重印)。

(宋)陈廷焯:《白雨斋词话》,上海古籍出版社 1984 年版。

(宋)范成大著,孔凡礼点校:《范成大笔记六种》,中华书局 2002 年版(2008 重印)。

(宋)范成大等著,杨林坤,吴琴峰,殷亚波编著:《梅兰竹菊谱》,中华书局 2012 年版。

(宋)范镇,汝沛点校:《东斋记事》;(宋)宋敏求,诚刚点校:《春明退朝录》,中华书局 1980 年版(2006 重印)。

（宋）方勺著，许沛藻、杨立扬点校：《泊宅编》，中华书局 1997 年版（2007 重印）。

（宋）洪迈撰，何卓点校：《夷坚志》，中华书局 1981 年版。

（宋）郭若虚著，米田水译注：《图画见闻志》；（宋）邓椿著，米田水译注：《画继》，湖南美术出版社 2010 年版。

（宋）郭思著，林琨注译：《林泉高致》，中国广播电视出版社 2013 年版。

（宋）何薳著，张明华点校：《春渚纪闻》，中华书局 1997 年版（2007 重印）。

（宋）洪迈著，孔凡礼点校：《容斋随笔》，中华书局 2005 年版（2009 重印）。

（宋）惠洪：《冷斋夜话》，中华书局 1988 年版。

（宋）黎靖德编，王兴贤点校：《朱子语类》，中华书局 1986 年版。

（宋）李昉等撰：《太平御览》，中华书局影印社 1960 年版。

（宋）李焘著：《续资治通鉴长编》，中华书局 1992 年版。

（宋）李心傅著，徐规点校：《建炎以来朝野杂记》，中华书局 2000 年版（2010 重印）。

（宋）林洪著，章原编著：《山家清供》，中华书局 2013 年版。

（宋）刘昌诗著，张荣铮、秦呈瑞点校：《芦浦笔记》，中华书局 1986 年版（2007 重印）。

（宋）刘克庄著，王秀梅点校：《后村诗话》，中华书局 1983 年版。

（宋）陆九渊著，钟哲点校：《陆九渊集》，中华书局 1980 年版（2008）。

（宋）罗大经著，王瑞来点校：《鹤林玉露》，中华书局 1983 年版（2008 重印）。

（宋）孟元老著，邓之诚注：《东京梦华录注》，中华书局 1982 年版（2010 重印）。

（宋）孟元老著，伊永文笺注：《东京梦华录笺注》，中华书局 2006 年版（2009 重印）。

（宋）钱易，黄寿成点校：《南部新书》，中华书局 2002 年版（2006 重印）。

（宋）邵伯温著，李剑雄、刘德权点校：《邵氏闻见录》，中华书局 1983 年版（2008 重印）。［33］（宋）邵雍著，郭彧整理：《伊川击壤集》，中华书局 2013 年版。

（宋）司马光著，邓广铭、张希清点校：《涑水记闻》，中华书局 1989 年版（2009 重印）。

（宋）司马光：《资治通鉴》，中华书局 1956 年版.

（宋）苏轼著，王松龄点校：《东坡志林》，中华书局 1981 年版（2010 重印）。

（宋）苏轼著，李之亮笺注：《苏轼文集编年笺注》，巴蜀书社 2011 年版。

（宋）苏辙，俞宗宪点校：《龙川略志》；（宋）苏辙，俞宗宪点校：《龙川别志》，中华书局 1982 年版（2007 重印）。

（宋）王辟之著，吕友仁点校：《渑水燕谈录》；（宋）欧阳修著，李伟国点校：《归田录》，中华书局 1981 年版（2006 重印）。

（宋）王十朋：《王十朋全集》，上海古籍出版社 2012 年版。

（宋）魏泰著，李裕民点校：《东轩笔录》，中华书局，1983 年版（2006 重印）。

（宋）文莹著，郑世刚、杨立扬点校：《玉壶清话》，中华书局 1984 年版（2007 重印）。［43］（宋）吴处厚著，李裕民点校：《青箱杂记》，中华书局 1985 年版（2007 重印）。

（宋）吴自牧：《梦梁录》，杭州人民出版社 1980 年版。

（宋）吴曾：《能改斋漫录》，上海古籍出版社 1985 年版。

（宋）辛弃疾著，徐汉明点校：《辛弃疾全集》，崇文书局 2013 年版。

（宋）姚宽著，孔凡礼点校：《西溪丛语》；（宋）陆游著，孔凡礼点校:《家世旧闻》,中华书局 1983 年版(2006 重印)。

(宋)叶梦得著,宇文绍奕考异,侯忠义点校:《石林燕语》,中华书局 1984 年版(2006 重印)。

(宋)叶绍翁著,沈锡麟、冯惠民点校:《四朝闻见录》,中华书局 1989 年版(2010 重印)。

(宋)叶寘著,孔凡礼点校:《爱日斋丛抄》;(宋)周密著,孔凡礼点校:《浩然斋雅谈》;(宋)陈世崇著,孔凡礼点校:《随隐漫录》,中华书局 2010 年版。

(宋)岳珂著,吴企明点校:《桯史》,中华书局 1981 年版(2010 重印)。

(宋)张邦基著,孔凡礼点校:《墨庄漫录》;(宋)范公偁著,孔凡礼点校:《过庭录》;(宋)张知甫著,孔凡礼点校:《可书》,中华书局 2002 年版(2011 重印)。

(宋)张世南著,张茂鹏点校:《游宦纪闻》;(宋)李心傅,崔文印点校:《旧闻证误》,中华书局 1981 年版(2006 重印)。

(宋)赵令畤撰,孔凡礼点校:《侯鲭录》;(宋)彭□辑撰,孔凡礼点校:《墨客挥犀》;(宋)彭□辑撰,孔凡礼点校:《续墨客挥犀》,中华书局 2002 年版(2011 重印)。

(宋)赵升编,王瑞来点校:《朝野类要:附朝野类要研究》,中华书局 2007 年版。

(宋)赵彦卫著,傅根清点校:《云麓漫钞》,中华书局 1996 年版(2007 重印)。

(宋)周密著,吴企明点校:《癸辛杂识》,中华书局 1988 年版(2010 重印)。

(宋)周密著,张茂鹏点校:《齐东野语》,中华书局 1983 年版(2008 重印)。

(宋)周密,钱之江校注:《武林旧事》,浙江古籍出版社 2011 年版。

(宋)庄绰著,萧鲁阳点校:《鸡肋编》,中华书局 1983 年版

（2010 重印）。

（元）脱脱：《宋史》，中华书局 1985 年版。

（明）张谦德著，张文浩、孙华娟编著：《瓶花谱》；（明）袁宏道著，张文浩、孙华娟编著：《瓶史》，中华书局 2012 年版。

（清）虫天子编，董乃斌点校：《中国香艳丛书》，团结出版社 2005 年版。

（清）厉鹗辑：《宋诗纪事》，上海古籍出版社 1983 年版。

（清）刘熙载：《艺概》，上海古籍出版社 1978 年版。

（清）王夫之：《宋论》，中华书局 1964 年版（2011 重印）。

（清）郑燮：《郑板桥集》，上海古籍出版社 1979 年版。

著作

艾秀梅：《日常生活审美化研究南京》，南京师范大学出版社 2010 年版。

陈葆真：《李后主和他的时代南唐艺术和历史》，北京大学出版社 2009 年版。

陈从周、蒋启霆选编，赵厚均注释：《园综》，同济大学出版社 2004 年版。

陈来：《宋明理学》，生活·读书·新知三联书店 2011 年版。

陈望衡主编：《美与当代生活方式："美与当代生活方式"国际学术讨论会论文集》，武汉大学出版社 2005 年版。

陈炎主编：《当代中国审美文化》，河南人民出版社 2008 年版。

陈炎等著.《中国审美文化史》，山东画报出版社 2007 年版。

陈钟凡：《两宋思想述评》，东方出版社 1996 年版。

邓广铭，漆侠，朱瑞熙等：《宋史》，中国大百科全书出版社 2011 年版。

邓广铭笺注：《稼轩词编年笺注》，上海古籍出版社 1978 年版。

邓广铭：《宋史十讲》，中华书局 2008 年版（2009 重印）。

邓广铭：《辛稼轩年谱》上海古籍出版社 1979 年版。

邓莹辉：《两宋理学美学与文化研究》，华中师范大学出版社2007年版。

傅慧敏编著：《中国古代绘画理论解读》，上海人民美术出版社2012年版。

傅璇琮、蒋寅主编，刘扬忠本卷主编：《中国古代文学通论·宋代卷》，人民出版社2010年版。

葛兆光：《中国思想史》，复旦大学出版社2001年版。

巩本栋：《辛弃疾评传》，南京大学出版社1998年版（2002重印）。

顾宏义、李文整理标校：《宋代日记丛编》，上海书店出版社2013年版。

关永礼、高烽、曲明光等编：《中国古典小说鉴赏辞典》，中国展望出版社1989年版。

郭绍虞：《中国文学批评史》，百花文艺出版社2008年版。

何辉：《宋代消费史：消费与一个王朝的盛衰》，中华书局2011年版。

何晓颜：《花与中国文化》，人民出版社1999年版。

何庄：《尚清审美趣味与传统文化》，中国人民大学出版社2007年版。

霍然：《宋代美学思潮》，长春出版社1997年版。

蒋勋：《生活十讲》，广西师范大学出版社2010年版。

蒋勋：《写给大家的中国美术史》，生活 读书 新知三联书店2008年版。

居阅时：《庭院深处——苏州园林的文化内涵》，上海三联书店2006年版。

赖琴芳主编：《休闲美学读本》，北京大学出版社2011年版。

李春棠：《坊墙倒塌以后：宋代城市生活长卷》，湖南人民出版社2006年版（第二版）。

李剑亮：《唐宋词与唐宋歌妓制度》，浙江大学出版社2006年版。

李修建：《风尚——魏晋名士的生活美学》，人民出版社 2010 年版。

李裕民：《宋人生卒行年考》，中华书局 2010 年版。

李约瑟：《中国科学技术史·导论》，科学出版社 1990 年版。

李壮鹰主编，李春青本卷主编：《中华古文论释林·北宋卷》，北京大学出版社 2011 年版。

李壮鹰主编，刘方喜本卷主编：《中华古文论释林·南宋卷》，北京大学出版社 2011 年版。

凌郁之：《宋代雅俗文学观》，中国社会科学出版社 2012 年版。

刘婷婷：《宋季士风与文学》，中华书局 2010 年版。

刘永济辑录：《宋代歌舞剧曲录要；元人散曲选》，中华书局 2007 年版。

刘悦笛，赵强：《无边风月：中国古典生活美学》，四川人民出版社 2015 年版。

刘悦笛：《生活美学：现代性批判与重构审美精神》，安徽教育出版社 2005 年版。

刘子健著，赵冬梅译：《中国转向内在：两宋之际的文化转向》，江苏人民出版社 2011 年版。

柳诒徵：《中国文化史》，上海三联书店 2007 年版。

逯钦立：《先秦汉魏晋南北朝诗》，中华书局 1983 年版。

吕思勉：《中国通史》，上海古籍出版社 2009 年版。

钱穆：《国史大纲》，商务印书馆 1996 年版（第三版）。

钱穆：《中国历史研究法》，上海三联书店 2001 年版。

尚园子、陈维礼编著：《宋元生活掠影》，沈阳出版社 2011 年版。

沈从文：《中国古代服饰研究》，商务印书馆 2011 年版。

沈冬梅：《茶与宋代社会生活》，中国社会科学出版社 2007 年版。

寿勤泽：《中国文人画思想史探源：以北宋蜀学为中心》，荣宝斋出版社 2009 年版。

舒迎澜：《古代花卉》，农业出版社 1993 年版。

唐圭璋编：《词话丛编》，中华书局 1986 年版。

唐圭璋：《宋词纪事》，中华书局 2008 年版。

汪圣铎：《宋代社会生活研究》，人民出版社 2007 年版。

王利华：《人竹共生的环境与文明》，生活·读书·新知三联书店 2013 版。

王贵元、邵淑娟主编：《中华养生文献精华注译》，北京广播学院出版社 1992 年版。

王寿南主编：《中国历代思想家·宋明》，九州出版社 2011 年版。

王锳：《宋元明市语汇释》，中华书局 2008 年版。

魏华仙：《宋代四类物品的生产和消费研究》，四川科学技术出版社 2006 年版。

吴邦江：《宋代民俗诗研究》，南京大学出版社 2010 年版。

吴海庆：《江南山水与中国审美文化的生成》，中国社会科学出版社 2011 年版。

吴功正：《宋代美学史》，江苏教育出版社 2007 年版。

徐复观：《中国艺术精神》，商务印书馆 2010 年版。

薛冰：《拈花》，山东画报出版社 2012 年版。

杨万里：《宋词与宋代的城市生活》，华东师范大学出版社 2006 年版。

姚文放主编：《审美文化学导论》，社会科学文学出版社 2011 年版。

伊永文：《行走在宋代的城市：宋代城市风情图记》，中华书局 2005 年版。

阴法鲁，许树安：《中国古代文化史》，北京大学出版社 1989 年版。

余克勤，王远国：《中国人必读的节日词曲》，湖北人民出版社 2011 年版。

于民主编：《中国美学史资料选编》，复旦大学出版社 2008 年版。

余英时：《朱熹的历史世界：宋代士大夫政治文化的研究》，生活

·读书·新知三联书店 2011 年版。

曾枣庄主编：《苏东坡诗词全编（汇评本）》，四川文艺出版社 2007 年版。

张邦炜：《宋代皇亲与政治》，四川人民出版社 1993 年版。

张瑞君：《杨万里评传》，南京大学出版社 2002 年版。

张维昭：《悖离与回归：晚明士人美学态度的现代观照》，凤凰出版社，2009 年版。

张兴武：《两宋望族与文学》，人民文学出版社 2010 年版。

郑永晓：《黄庭坚年谱新编》，社会科学文献出版社 1997 年版。

周维权：《园林·风景·建筑》，百花文艺出版社 2006 年版。

周燕弟：《宋代花鸟画审美特色及嬗变研究》，中国矿业大学出版社 2010 年版。

周膺、吴晶：《南宋美学思想研究》，上海古籍出版社 2012 年版。

邹巅：《咏物流变文化论》，湖南人民出版社 2009 年版。

邹同庆、王宗堂：《苏轼词编年校注》，中华书局 2002 年版。

朱良志：《曲院风荷：中国艺术论十讲》，中华书局 2014 年版。

朱瑞熙、张邦炜、刘复生等：《辽宋西夏金社会生活史》，中国社会科学出版 1998 年版。

（美）艾朗诺著，杜斐然、刘鹏、潘玉涛、郭勉愈译：《美的焦虑：北宋士大夫的审美思想与追求》，上海古籍出版社 2013 年版。

（美）阿恩海姆著，滕守尧，朱疆源译：《艺术与视知觉》，四川人民出版社 1998 年版（2006 重印）。

（美）毕嘉珍著，陆敏珍译：《墨梅》，江苏人民出版社 2012 年版。

（美）杨晓山著，文韬译：《私人领域的变形：唐宋诗歌中的园林与玩好》，江苏人民出版社 2009 年版。

（美）舒斯特曼著，彭锋译：《实用主义美学：生活之美，艺术之思》，商务印书馆 2002 版。

（日）近藤一成主编：《宋元史学的基本问题》，中华书局 2010

年版。

（匈）阿格妮丝·赫勒著，衣俊卿译：《日常生活》，重庆出版社1990年版。

（英）戴维·英格利斯著，张秋月，周雷亚译：《文化与日常生活》，中央编译出版社2010年版。

论文

程杰：《论花卉、花卉美和花卉文化》，《阅江学刊》2015年第1期。

韩经太：《"清"美文化原论》，《中国社会科学》2003年第2期。

霍然：《宋代美学思潮勃兴阶段文人士大夫的审美情结》，《浙江社会科学》1996年第1期。

刘方：《文化转型与宋代审美理想人格典范的重建》，《湖南师范大学社会科学学报》2005年第3期。

汪圣铎：《宋代种花、赏花、簪花与鲜花生意》，《文史知识》2003年第7期。

王确：《中国美学转型与生活美学新范式》，《哲学动态》2013年第1期。

王确：《茶馆、劝业会和公园——中国近现代生活美学之一》，文艺争鸣2010年第3期。

薛复兴：《宋代自然审美述略》，贵州师范大学学报（社会科学版）2006年第1期。

杨春时：《"日常生活美学"批判与"超越性美学"重建》，吉林大学社会科学学报2010年第1版。

赵强、王确：《说"清福"：关于晚明人士生活美的考察》，清华大学学报（哲学社会科学版）2014年第3期。

赵强、王确：《"物"的崛起：晚明社会的生活转型》，《史林》2013年第4期。

后　记

　　常常觉得自己是个幸运的人，一路走来要感谢太多人。感谢我的导师，东北师范大学文学院王确教授。在本书的写作过程中，导师对我进行了悉心细致的指导。导师曾鼓励我说，要像梅一样走过这段生命历程。感谢东北师范大学张文东教授，总是给予我有效的点拨，提出很多切实可行的修改意见。感谢吉林大学刘中树教授、清华大学王中忱教授、北京大学的李洋教授、东北师范大学的高玉秋教授、王春雨教授、刘研教授，各位老师都对本话题提出了独到的见解与思路。

　　还要感谢我的同学们，他们的友谊是我异乡生活的美丽收获。感谢东北师范大学文学院赵强副教授。赵强于我亦师亦友，总是给予我很多具体的意见和切实的帮助，他的睿智、博学、勤奋、无私使我受益良多。感谢我的挚友阴艳，我们彼此陪伴，在治学道路上相互激励，在生活中携手前行。感谢我的好友安璐、王荣珍、石璐，她们仗义出手帮助我完成了部分繁琐复杂的校对工作。

　　感谢长春师范大学文学院的孙博教授对本书出版工作的支持。感谢中国社会科学出版社的任明编辑，他为本书的出版付出了辛勤的劳动。

　　行文至此，念及远方的父母与亲人，自责陪伴他们太少。他们为我付出太多，却从不对我有任何要求。还有我的爱人，一直以来都十二分地支持我。

　　这几年一直对宋代雅致生活史的问题感兴趣，这本书是一个小小的总结。它有不少疏漏浅薄、让我感到惭愧、遗憾之处。而它又是一个小小的开始，希望能通过艰苦的努力让这些"小遗憾"变成日后对自己小小的满意、小小的惊喜。